한 권으로 끝내는
초등 생활
대백과

한 권으로 끝내는
초등 생활
대백과

대한민국 최고의 초등 부모 멘토
송재환 선생님이 알려주는 초등학교 생활의 모든 것

송재환 지음

21세기북스

차례

초등 교사로 22년, 작가로서 11년의 세월을 보내는 동안 학교 현장에서 많은 아이들과 학부모를 만났다. 학교에서뿐만 아니라 도서관, 문화센터, 기업체, 방송 강연 등을 통해서도 아이들의 공부에 관심이 많은 분들을 만날 수 있었다. 하지만 무엇보다 가장 커다란 만남의 접점은 책을 통해서였다. 그간 초등 교육과 자녀 교육을 주제로 한 책을 20권 이상 출간했다. 그중 예닐곱 권 정도는 해외에서도 번역·출간되는 기쁨도 누렸다. 내가 현장에서 경험한 내용이 자녀 양육에 큰 도움이 되었다는 독자 분들의 반응에 깊이 감사할 따름이다.

첫 책을 출간할 당시만 해도 내 이름 석 자가 표지에 적힌 책이 출간된다는 사실만으로도 감격스러워서 글을 쓰는 작업이 힘든 줄을 몰랐다. 하지만 글쓰기를 계속해나갈수록 '작가는 배고픈 직업'이라는 말뜻을 온몸으로 실감했다. 본래 이 말은 전업 작가의 수입이 생계를 이어가기에 충분하지 않다는 의미로 쓰이지만, 나에게는 조금 다른 뜻으로 다가왔다. 말 그대로 글을 쓰다 보면 형용할 수 없는 배고픔이 밀려왔기 때문이다. 글쓰기가 워낙에 커다란 집중력을 필요로 하는 작업이기 때문이리라. 그래서였을까? 어떤 때에는 집필을 하다가 문득, 글은 배고픔의 땅에서 피어나는 꽃이라는 생각이 들기도 했다. 그렇게 주린 배를 쥐고 책을 쓰다 보면 '어휴, 내가 이 고된 일을 왜 지금껏 하고 있지?' 싶을 때가 있다. 몇 년 전에는 글쓰기를 이제 그만해야겠다는 다짐도 한 적이 있다. 글쓰기는 매력적인 일임과 동시에 그만큼 고되고 힘겨운 작업이었다.

하지만 출판사로부터 흥미로운 주제의 신간 집필 제안을 받을 때마다 번번이 유혹을 이기지 못하고 편집자의 제안을 수락하고 새로운 책 작업에 들어가곤 했다. 아마도 독자들로부터 받은 위로와 격려가 그간의 힘겨움을 잊게 만들어준 덕분이리라. 어마어마한 출산의 고통 때문에 다시는 아이를 낳지 않겠다고 다짐하지만, 사랑스러운 아이를 보면서 그 고통을 잊는 세상의 모든 엄마들처럼, 나 역시 독자들의 애정 어린 피드백과 관심 덕분에 그간에 겪은 집필의 고통을 잊고 다시 새로운 책을 집필할 기운을 얻는가 보다. 이번 책 역시 그와 같은 과정을 거쳐 태어났다.

더불어서 이 책은 묵직한 사명감을 더해 출간했다. 이 책은 자녀가 초등학교에 입학하게 되면 모든 부모들이 교과서처럼 읽을 수 있는 책이 한 권쯤 있었으면 좋겠다는 취지로 기획됐다. 독자들의 관심을 반짝 받고 사라지는 책이 아니라, 오랫동안 독자들의 사랑을 받을 수 있도록 알차고 내실 있게 구성된 책을 쓰고 싶었다. 정규 교육 과정의 시작인 초등 교육의 A부터 Z까지 아우르고 있어, 초등학생 자녀를 둔 대한민국의 모든 부모들이 믿고 볼 수 있는 책을 쓰고 싶었다. 그 마음을 담아 집필한 책이 바로 이 책이다.

그동안 필자는 책 읽기, 고전 읽기, 부모 교육, 학년별 공부법, 수학 공부법 등 초등 교육과 관련한 다양한 주제의 책들을 출간해왔다. 이 책에는 그간에 출간했던 책들 속에 담긴 내용 중에서 가장 중요하다고 여겨지는 핵심 정보들만 추려서 한데 담아내고자 했다. 핵심만 추린다고 해도 한 권에 모두 담아내기에는 그 양이 실로 방대했기에, 독자들의 편의를 위해서 '공부 편'과 '생활 편'으로 나눠 각각 22개의 법칙으로 정리해 일목요연하게 소개하고자 했다.

『한 권으로 끝내는 초등 공부 대백과』, 『한 권으로 끝내는 초등 생활 대백과』는 필자가 초등 교사이자 작가로서 지금까지 경험한 바를 총망라하고 집대성한 초등 자녀 교육서의 완결판이라고 자부한다. 이 책이 모쪼록 초등학생 자녀를 둔 부모들에게 등대와 같은 책이 되었으면 하는 바람이다. 갈피를 잡기 힘든 대한민국 교육 현실 속에서 부모들의 불안을 다독여주고, 단단하게 중심을 잡을 수 있게끔 붙들어주는 선물 같은 책이기를 바란다.

프롤로그

좋은 습관이
가장 먼저이다

4학년 아이들을 가르칠 때였다. 우리 반에는 주변 정리를 제대로 못하는 아이가 한 명 있었다. 책상 위는 말할 것도 없거니와, 책상 아래 심지어 짝꿍 자리까지 자기 물건으로 늘어놓기 일쑤였다. 보다 못해 자리 정리를 좀 하자고 말하면, 치우는 시늉까지는 하는데 영 정리에 서툴렀다. 어떤 날은 6학년이었던 누나가 와서 아이의 자리를 정리해주고 가기도 했다. 도저히 이래서는 안 되겠다는 생각에 하루는 아이를 불러다 넌지시 물어봤다.

"○○야, 집에서 책상 정리를 잘 안 하니?"
"책상 정리는 엄마가 다 해주시는데요? 우리 엄마는 나한테 공부만 잘하면 된대요."

순간 '공부만 잘하면 된다'라는 아이의 말이 내 마음속에서 공허하게 울렸다. 자기 자리 정리도 못하는 아이가 과연 공부는 잘할 수 있을지, 공부를 잘한다고 한들 과연 자신의 인생을 잘 꾸리며 살아갈 수 있을지 깊은 우려도 들었다. 마음속에서는 질문들이 뭉게뭉게 피어올랐다. 공부를 해야 하니, 부모님이 외출할 때에 인사 정도는 안 해도 아무 상관이 없는 것일까? 공부를 해야 하니, 아이의 방이 돼지우리 같이 지저분해도 부모가 모두 치워주는 것이 옳은 것일까? 시험에서 좋은 성적을 받는 것이 중요하니, 아이의 시험 기간에는 온 가족이 숨을 죽이고 아이의 짜증을 다 받아줘야 하는 걸까? 『논어論語』「학이편學而篇」에는 다음과 같은 구절이 나온다.

子曰 弟子入則孝 出則弟 謹而信 汎愛衆 而親仁 行有餘力 則以學文

자왈 제자입즉효 출즉제 근이신 범애중 이친인 행유여력 즉이학문

→ 공자께서 말씀하시길, "젊은이들은 집에 들어오면 효도하고, 나가서는 어른들을 공경하며, 삼가고 믿음이 있으며, 널리 사람들을 사랑하면서도, 어진 사람을 가까이해야 한다. 이렇게 실천하고도 남은 힘이 있으면 그 힘으로 글을 배우는 것이다."

배우는 사람의 자세에 대한 공자의 말씀이다. 부모님께 효도하고 남을 사랑한 뒤에도 남는 힘이 있다면, 그 힘으로 공부를 하라는 말이다. 즉, 사람으로서 마땅히 해야 할 도리를 다한 후에 남는 시간과 힘이 있다면 공부를 하라는 의미이다. 공자는 공부를 잘하는 것보다 사

람됨이 우선임을 힘주어 말했다.

그런데 오늘날 우리의 현실은 이와 정반대이다. 온통 공부 잘하는 아이, 좋은 성적, 명문대 입학 등에만 관심이 쏠려 있다. 내 아이의 인품이나 인격, 습관은 뒷전이다. 안타까운 일이 아닐 수 없다. 실력이 칼이라면, 성품은 칼집이다. 실력이 출중할수록 그에 걸맞은 성품을 갖춰야만 아이 스스로는 물론이고 주변 사람들도 행복할 수 있다. 실력이 추천장이라면, 사람 됨됨이는 신용장이다. 실력이 출중한 사람은 당장에 눈에 띨지 모르지만, 결국은 됨됨이가 제대로 된 사람이 오래도록 신뢰를 받는다. 사마천司馬遷의 『사기열전史記列傳』「이광열전李廣列傳」에는 사람의 인품과 관련된 고사가 하나 전해진다.

桃李不言 下自成蹊
도리불언 하자성혜

복숭아나무와 자두나무는 그 꽃이 아름답고 열매의 맛이 좋기 때문에, 사람들로 하여금 오라고 말하지 않아도 사람들이 알아서 찾아들어 나무 밑에 저절로 길이 생긴다는 말이다. 즉, 덕이 있는 사람은 스스로 말하지 않아도 사람들이 자연스레 따른다는 의미이다. 한漢무제武帝 때 활의 명수로 유명했던 이광李廣이란 인물이 있었는데, 평소 성실하면서도 말수가 적었던 그를 두고 사마천이 평한 말에서 유래했다. 이 고사에서 알 수 있듯이, 좋은 사람 곁에는 사람들이 모이기 마련이다. 반면에 성품이 좋지 않으면, 아무리 실력이 뛰어나도 고독한 삶을 살아갈 수밖에 없다.

그렇다면 아이를 성품이 맑고 건강한 아이로 만들기 위해서는 어떻게 해야 할까? 가장 좋은 방법은 좋은 습관을 만들어주는 것이다. 인격은 습관에 좌우된다. 작은 습관들이 쌓여 한 사람의 인생이 된다. 특히 좋은 습관은 하루아침에 몸에 붙지 않는다. 나쁜 습관은 잡초처럼 빠른 속도로 일상을 잠식하지만, 좋은 습관은 곡식이 성장하듯 더디게 자란다. 들판에 심은 곡식의 씨앗이 쭉정이가 아닌 알알이 들어찬 알곡으로 성장하기 위해서는 농부의 끊임없는 노력과 수고가 필요하다. 마찬가지로 아이가 좋은 습관을 붙이기까지 부모의 노력과 수고가 오랫동안 요구된다.

아이에게 바른 습관을 만들어주는 과정이 마냥 수월하기만 하지는 않을 것이다. 좀 더 쉬워 보이고, 빨라 보이는 길들의 유혹도 있을 것이다. 하지만 그런 길들에 정신이 팔리다 보면 본래 가고자 했던 길을 아예 잊어버리게 되기도 한다. 이 책이 아이를 키우는 과정에서 공부보다 더 중요한 가치를 되새기게 해주는 안내서가 되길 바란다.

책 속에는 초등학생이라면 꼭 갖춰야 한다고 생각되는 좋은 생활습관들을 22가지 법칙으로 일목요연하게 정리해 담고자 했다. 학교현장에서 20년 이상 수많은 아이들을 만나면서 느끼고 생각한 것들을 정리한 법칙들이다. 아이에게 모든 법칙을 적용할 수는 없겠지만 가슴에 와닿는 한두 가지 법칙이라도 적용해보고자 노력한다면, 이 책을 충분히 가치 있게 활용한 것이라고 자부한다.

아무쪼록 이 책이 독자들로 하여금 자녀 양육의 올바른 원칙을 곧게 세우는 데 도움이 되었으면 좋겠다. 더불어서 무엇을 어떻게 가르쳐야 할지 혼란스러웠던 부모들에게 속 시원한 답을 제공하는 책이기를 바란다.

초등 교사 작가 송재환

비전의 법칙
꿈이 있는 아이가
치열하게 공부한다

'꿈은 이루어진다'라는 말을 기억하는가? 2002년 월드컵 때 메인 응원 구호로 쓰인 덕분에 대한민국 사람이라면 누구나 아는 친숙한 문장이다. 그렇다면 이 문장의 의미를 온몸으로 경험해본 사람은 얼마나 될까? 필자 역시 이 말의 참뜻을 서른이 훌쩍 넘어서야 알게 되었다. 그전까지는 꿈을 가지고 산 것이 아니라 닥치는 대로 살았던 것 같다. 하지만 어느 순간부터 꿈의 중요성을 깨닫고, 절실히 꿈꾼 것은 마침내 이루어진다는 사실을 경험했다.

꿈이 있는 사람은 눈빛부터 다르다. 꿈이 있는 사람의 눈빛은 아름답게 반짝인다. 그의 시선은 앞을 향해 있으며, 가슴이 벅차올라 눈물이 맺히곤 한다. 반면에 꿈이 없는 사람의 눈빛은 흐리멍덩하다. 그의 시선은 뒤를 바라보고 있으며, 세상에 대한 원망이 가득하다. 꿈이 있는 사람의 입에서는 긍정의 말, 능동의 말, 사람을 살리는 말이 흘러나온다. 반면에 꿈이 없는 사람의 입에서는 비난의 말, 피동의 말, 사람을 죽이는 말이 쏟아진다. 꿈이 있는 사람은 열정에 사로잡혀 일을 하지만, 꿈이 없는 사람은 눈치에 사로잡혀 일을 한다.

무엇보다 꿈이 있는 사람과 꿈이 없는 사람의 가장 큰 차이는 삶을 대하는 태도이다. 꿈이 있는 사람은 언제나 열정이 넘친다. 하지만 꿈이 없는 사람은 삶에 대한 열정이 없다. 열정은 꿈이 있을 때 비로소 생기는 감정이다.

아이들도 마찬가지이다. 꿈이 있는 아이들은 대체로 공부를 아주 열심히 한다. 이 아이들에게는 공부를 해야 하는 분명한 이유가 있다. 바로 자신의 꿈을 이루는 것이다. 이처럼 내적 동기가 충만한 아이들은 부모의 잔소리가 없어도 공부를 열심히 할 수밖에 없다.

하지만 꿈이 없는 아이들은 공부를 대체로 열심히 하지 않는다. 공부를 하더라도 부모의 눈치를 보아가며 마지못해 한다. 이런 아이들이 항상 하는 말이 있다. "공부를 왜 해야 하는지 모르겠어요!" 꿈이 없는 아이들은 부모나 교사에게 혼나지 않기 위해 공부를 할 뿐이다.

꿈이 있어야
삶의 방향이 정해진다

꿈이 없는 공부는 언제나 작심삼일에 그치고 만다. 꿈이 있어야 비로소 자기가 나아가야 할 방향이 보이는 법이다. 필자는 개인적으로 『대학大學』「경經 1장」의 한 구절을 참 좋아한다. 꿈이 이루어지는 과정을 이만큼 잘 보여주는 문장이 없기 때문이다.

> 知止而后有定 定以後能靜 靜以後能安 安以後能慮 慮以後能得
>
> 지지이후유정 정이후능정 정이후능안 안이후능려 려이후능득
>
> → 머무를 곳을 안 이후에야 일정한 방향이 있고, 일정한 방향이 있고 난 후에야 마음이 평안해질 수 있으며, 마음이 평안해진 후에야 생각할 수 있으며, 생각할 수 있은 후에야 얻을 수 있다.

이 구절은 꿈이 이루어지는 과정을 정확하게 설명하고 있다. 첫 구절의 '머무를 곳止'을 내가 궁극적으로 도달하고 머물고자 하는 '꿈'으로 바꾸면 다음과 같은 구절로 해석할 수 있다.

> 꿈을 안 이후에야 일정한 방향이 있고, 일정한 방향이 있고 난 후에야 마음이 평안해질 수 있으며, 마음이 평안해진 후에야 생각할 수 있으며, 생각할 수 있은 후에야 꿈을 이룰 수 있다.

17

자신의 꿈이 무엇인지 알아야 비로소 자기 인생의 방향을 정할 수 있고, 그렇게 인생의 방향이 정해지고 나면 복잡했던 마음이 평안해진다. 마음이 평안해지면 비로소 어떻게 살아갈 것인지 구체적인 방법을 생각하게 되고, 방법을 강구한 후에 그것을 이루기 위해 노력하다 보면 마침내 꿈을 이루게 되는 것이다.

꿈을 키워나가는 것에 관해 이야기를 하다 보니 필자가 6학년 담임을 하면서 만났던 영지가 생각난다. 영지는 각종 콩쿠르에서 매번 금상을 휩쓸 정도로 바이올린 실력이 뛰어난 아이였다. 그뿐만 아니라 반에서 1, 2등을 다툴 정도로 공부도 잘했다. 그런데 영지는 진로를 놓고 엄마와 갈등을 겪었다. 영지의 엄마는 피아니스트였는데, 아이가 음악가의 길을 가기보다는 공부를 통해 다른 진로를 찾길 바랐다. 하지만 영지의 생각은 달랐다. 영지는 바이올리니스트라는 확고한 자기만의 꿈이 있었다. 영지의 엄마는 영지의 진로에 관한 생각이 요지부동이자 담임교사인 나에게 도움을 요청했다. 필자 역시 판단이 잘 서지 않기는 매한가지였다. 영지의 공부 실력이 부족했다면, 바이올린을 꾸준히 배우는 편을 적극 권하고 싶었지만, 그러기에는 영지가 공부를 매우 잘하는 아이였기에 고민이 깊었다. 아이의 생각을 제대로 들어볼 필요가 있어서 어느 날 영지를 불러 진로 상담을 했다.

"영지야, 너는 공부도 아주 잘하는데 공부 쪽으로 나가보면 어떻겠니?"

이 말을 듣더니 영지는 오히려 내게 반문했다.

"선생님, 제가 왜 공부를 열심히 하는 줄 아세요?"

"왜 열심히 하는데?"

"바이올린을 하기 위해서예요. 저는 바이올린 켤 때가 제일 행복해요."

나는 더 이상 할 말이 없었다. 영지에게 바이올린은 삶의 이유이자 존재의 이유였다. 영지가 공부를 열심히 했던 것도 바이올린 때문이었다. 바이올리니스트라는 확고한 꿈이 있었기에 영지는 자신이 걸어 나갈 방향이 분명했다. 추구하는 방향이 생기면 주변을 기웃댈 필요가 없다. 남의 말에 좌지우지되지도 않는다. 그저 자신의 길을 묵묵히 걸어갈 뿐이다.

반면에 자신의 꿈이 뭔지 정확히 모르면 어디로 가야 할지 몰라 항상 갈팡질팡한다. 추구하는 방향이 없으니 세상 풍문에 휩쓸리기 십상이다. 마음은 호떡집에 불난 것 같이 시끄럽다. 마음이 평온하지 않으니 좋은 생각이 떠오를 리가 없고, 깊이 생각할 겨를도 없다. 결국 스스로 생각하기보다는 남이 대신 생각해주길 바라게 된다. 꿈이 없는 사람은 수동적인 삶을 살 수밖에 없다.

꿈은 쓰러져도 다시 일어서게 한다

인생은 내 뜻대로 흘러가지 않는다. 무슨 일이든지 한 번에 성공하는 것은 없다. 목표를 이뤄나가는 과정 중에는 수없는 고난과 실패가 도사리고 있다. 그런데 같은 실패를 겪어도 어떤 사람은 금세 포기해버리는 한편, 어떤 사람은 악착같이 견뎌내어 결국엔 성공에 이른다. 이 차이는 무엇일까?

꿈은 현실의 고난을 이길 수 있는 힘을 공급한다. 꿈이 없는 아이는 작은 실패 앞에서도 금방 주저앉고 포기한다. 꿈이 있는 아이와 없는 아이는 힘든 상황에서 판가름 난다. 꿈이 없는 아이는 고난이 닥쳤을 때 금세 포기하고 쓰러져도 다시 일어서지 않는다. 하지만 꿈이 있는 아이는 고난이 닥쳐도 쉽게 쓰러지지 않을 뿐만 아니라, 쓰러져도 다시 일어선다.

앞에서 이야기했던 영지는 출중한 실력에도 불구하고 그해 예술중학교 진학에 실패했다. 하지만 영지는 전혀 좌절하지 않았다. 영지는 이후에 재수의 길을 선택하는 대신, 일반 중학교에 진학해서 바이올린과 공부를 병행하며 예술고등학교 진학에 도전할 계획이라고 했다. 그리고 3년 뒤, 영지는 좋은 소식을 들고 필자를 찾아왔다. 그뿐만 아니라 예고 졸업 후에는 서울대 음대에 진학해 바이올리니스트의 꿈에 한층 가까이 다가서게 되었다. 필자는 영지가 예고 입학 소식을 들고 찾아왔을 때 했던 말을 아직도 잊을 수가 없다.

"선생님, 지금에 와서 생각해보니 그때 예중에서 떨어진 게 너무 감사하더라고요. 만약 제가 그때 단번에 예중에 합격했더라면 바이올린 실력이 지금보다 못했을 거예요."

영지는 실패조차도 자신을 더 나은 방향으로 이끄는 계기로 생각할 줄 아는 아이였던 것이다. 이 모든 일은 아이에게 확고한 꿈이 있었기에 가능했으리라. 꿈은 실패를 이겨내게 하는 힘이 있다. 꿈이 없는 사람은 실패를 원망하지만 꿈을 가진 사람은 실패에 오히려 감사할 수 있다. 실패가 자신을 성장시켜줄 밑거름임을 알기 때문이다.

만약 자녀가 실패로 괴로워하고 있다면 『맹자孟子』「고자편告子篇」의 한 구절을 들려주며 아이에게 힘을 주는 것은 어떨까?

故天將降大任於是人也 必先苦其心志 勞其筋骨 餓其體膚 空乏其身
行拂亂其所爲 所以動心忍性 曾益其所不能

고천장강대임어시인야 필선고기심지 노기근골 아기체부 공핍기신
행불란기소위 소이동심인성 증익기소불능

→ 하늘이 사람에게 큰 소임을 내리려 할 때에는, 반드시 먼저 그의 마음과 뜻을 괴롭게 하고, 그의 육체를 고달프게 하며, 그의 몸을 굶주리고 궁핍하게 하며, 그가 하고자 하는 일이 어긋나게 한다. 하늘이 이렇게 하는 것은 그의 마음을 분발시키고 그의 성격을 참을성 있게 해주어, 그가 할 수 없었던 일을 더 많이 할 수 있도록 하기 위함이다.

아이를 꿈의 항해사로 만들려면

꿈을 품은 주방 보조는 일류 요리사가 될 수 있듯이, 꿈을 품은 아이는 일류가 될 수 있다. 그렇다면 내 아이를 꿈의 항해사로 만들 수 있는 방법에는 무엇이 있을까?

꿈을 갖기 위해서는 우선 '자신에 대한 이해'가 선행되어야 한다. 즉, 자신이 무엇을 좋아하는지, 무엇을 잘하는지 알아야 한다. 꿈은 자신의 관심사 및 재능과 관련이 있어야 한다. 그래야만 이루고 싶은 마음이 생기고, 이루기도 쉬울 뿐만 아니라, 이루었을 때 빛이 난다. 내가 좋아하지도 않는 일을 타인의 강요로 인해 꿈으로 삼으면 이루고 싶지도 않고, 이루기도 힘들다. 이와 관련한 구절이 『장자莊子』「변무편騈拇篇」에 나온다.

> 鳧脛雖短 續之則憂 鶴脛雖長 斷之則悲
> 부경수단 속지즉우 학경수장 단지즉비
> → 오리의 다리가 짧다고 늘리면 아파서 울고, 학의 다리가 길다고 자르면 아파서 운다.

이 구절의 의미는 타고난 결을 따라 살아야 한다는 말이다. 좋은 부모는 자녀의 타고난 재능을 있는 그대로 볼 줄 알고 존중해주는 부모이다. 그런데 부모가 조급한 마음을 가지면 아이에게 꿈을 강요하기 마련이다. 하지만 부모의 조급함은 아이의 꿈을 방해하는 가장 큰 장애물이다. 아이가 자기만의 꿈을 제대로 키워낼 때까지 부모는 기다려줄 줄 알아야 한다. "너는 왜 꿈이 없니?", "너는 커서 뭐가 되려고 이러니?"와 같은 말은 아이에게 절대 하지 말아야 한다. 어떤 아이들은 자신에 대한 깊은 이해가 이루어진 뒤에 특정한 계기를 만나서 뒤늦게 꿈을 가질 수도 있다.

조급함도 문제이지만 자신이 미처 이루지 못한 꿈을 아이에게 강요하는 것도 아이의 꿈을 방해한다. 오늘날 사회는 급속도로 변화하는 중이다. 그 변화의 파도를 부모보다는 아이가 훨씬 더 잘 탄다. 따라서 부모의 관점에서 좋다고 여겨지는 꿈을 아이에게 강요해서는 안 된다. 부모 세대에 우대받던 직업이 자녀 세대에서는 사라져버릴 운명에 처할 수도 있다. 반대로 예전에는 주목받지 못했던 직업이 각광을 받기도 하고, 아예 존재하지 않았던 새로운 직업이 태동하기도 한다. 이미 우리 주변에서 현실로 벌어지고 있는 일이다. 이렇게 빠르게 변화하는 시대에 부모의 기준으로 자녀의 진로를 예단하는 것은 마치 비둘기호 열차를 타고 KTX보다 더 빠르게 달릴 수 있다고 생각하는 것과 다름없다.

꿈을 이루는 데에도 훈련이 필요하다. 작은 꿈을 이뤄낸 사람은 큰 꿈도 이룰 수 있다. 이를 위해서는 아이가 일상생활 속에서 작은 목표를 정하고 달성해낼 수 있도록 도와줘야 한다. 인생의 비극은 목표에

도달하지 못하는 것이 아니라, 도전할 목표가 없는 것이라고 했다. 아이가 매사 어떤 일을 시작하기 전에 목표를 먼저 정하는 습관을 들일 수 있도록 하자. 처음에는 아주 짧은 시간에 마칠 수 있는 목표를 정하고 그것을 성취해냈을 때에는 성취감을 맛보게 하는 것이 좋다. 예컨대 아이가 '30분 동안 자리를 뜨지 않고 공부를 하겠다'라고 목표를 정했다고 치자. 아이가 목표를 이루기 위해서 텔레비전을 보고 싶은 마음도 참고, 갈증도 참고, 화장실에 가고 싶은 것도 참는 등 수많은 방해 요소를 이겨내고 30분 동안 앉은 자리에서 일어나지 않고 공부를 해냈다면, 이에 대한 적절한 보상을 통해 성취감을 맛볼 수 있도록 해주는 것이다. 부모의 외적 보상이 아니더라도 이미 아이 스스로 충분한 내적 보상을 얻었을 터이다. 이렇게 작은 일상적 목표에서부터 시작해서 점점 큰 목표를 이뤄가는 것을 연습하다 보면 아이는 자신도 모르는 사이에 목표를 설정하고 그것을 달성하기 위해 노력할 줄 아는 사람으로 성장하게 된다.

부모가 살아가는 모습도 자녀가 꿈을 갖고 살아가는 데에 큰 영향을 끼친다. 자녀가 꿈을 가지고 열정적으로 살아가기를 원한다면, 부모가 먼저 자신의 꿈을 위해 노력하는 인생을 살아야 한다. 부모 자신은 아무런 꿈도 없이 무기력하게 살아가면서 자녀에게 꿈을 가지라고 말하는 것은 어불성설이다. 참된 부모는 자신의 삶을 통해 아이에게 본보기를 보인다.

환경의 법칙

아이를 둘러싼
환경이 중요하다

1920년 인도의 콜카타 인근 마을에서 늑대 무리와 함께 있는 두 여자아이가 발견되었다. 사람들은 각각 2세, 8세 정도로 추정되는 두 소녀에게 '아말라'와 '카말라'라는 이름을 붙여주고 이들을 인간화하기 위해 온갖 노력을 기울였다. 아말라와 카말라는 늑대처럼 네 발로 걷고 뛰었으며, 으르렁거리고 울부짖었다. 음식을 주면 냄새부터 맡았고 고기나 우유만 먹었다. 시각과 후각이 매우 발달하여 어두운 곳에서도 큰 불편이 없었으며, 먼 곳의 냄새도 늑대처럼 아주 잘 맡았다. 그러나 인간과의 의사소통은 거의 불가능했다.

이후 언니인 아말라는 인간세계에 적응하지 못하고 늑대처럼 살다가 1년 후 사망했다. 동생 카말라는 이후 9년을 더 살았지만 9년간 카말라가 습득한 어휘는 고작 30개 정도에 불과했다. 카말라는 죽을 때까지 자신이 누구인지를 끊임없이 물었다고 한다. 자신이 늑대인지 인간인지를 죽는 순간까지 혼란스러워했던 것이다.

이 실화는 인간에게 교육과 환경이 얼마나 중요한지를 단적으로 보여준다. 인간은 대단한 존재이기도 하지만, 환경의 영향력 아래에 있는 나약한 존재이기도 하다.

환경이
아이를 지배한다

'맹모삼천지교孟母三遷之敎'라는 말을 한 번쯤 들어본 적이 있을 것이다. 부모의 지극한 교육열을 이야기할 때 흔히 이용하는 고사성어이다. 『열녀전烈女傳』에 실려 있는 이 고사의 내용을 간략하게 요약하면 다음과 같다.

맹자는 일찍이 아비를 여의고 어미의 손에서 자라야 했다. 맹자는 습득 능력이 좋아 가는 곳마다 주변에서 보고 들은 것들을 흉내 내곤 했다. 공동묘지 주변에서 살 때에는 무덤 파는 시늉을 하며 놀았다. 시장으로 이사를 가자 시장 상인 흉내를 내며 놀았다. 이를 본 맹자의 어미는 맹자가 환경의 영향을 많이 받는 것을 알고서 서당 주변으로 이사를 가야겠다고 결심했다. 서당 주변으로 이사를 가니 마침내 맹자는 글 읽는 흉내를 내며 배움에 정진했고, 그 결과 훌륭한 학자로 성장했다.

2,000여 년 전의 고사이지만 오늘날 우리에게 여전히 시사하는 바가 큰 이야기이다. 아이를 키울 때 환경이 얼마나 중요한지를 일깨워 주는 아주 유명한 고사이다.

실제로 학교 주변의 환경에 따라 아이들의 분위기나 행동 양상이 다르다. 시장 인근에 위치한 학교의 아이들은 상인들이 물건 파는 흉내를 내곤 한다. 유흥가 주변에 학교가 있는 경우에는 아이들이 유흥가에서 뿌린 낯 뜨거운 전단지를 주워서 딱지를 접으며 놀거나, "이게 뭐예요?"라며 교사에게 물어보기도 한다.

같은 학교, 같은 학년이라고 해도 학급마다 분위기가 제각각이기도 하다. 어떤 반은 분위기가 차분하며 서로 배려하고 수업 시간에도 아이들이 전반적으로 집중을 잘한다. 반면에 어떤 반은 분위기가 어수선하고 아이들끼리 다투기 일쑤여서 수업 분위기도 소란스럽기가 이루 말할 수 없다. 그러다 보니 공부를 잘하는 아이들까지 분위기에 휩쓸려 장난치는 무리에 가담하기도 한다. 환경과 인간은 서로 상호작용한다. **환경을 만드는 것은 인간이지만 결국 인간은 그 환경의 지배를 받기 마련이다.**

가정은 그 어떤 환경보다 아이에게 절대적인 영향을 끼친다. 그 누구도 아이를 양육하는 부모나 함께 나고 자란 형제자매보다 더 큰 영향을 줄 수는 없다. 가정은 아이가 태어나고 자란 곳으로 아이의 모든 것이 형성되는 최초의 공간이기 때문이다.

공부할 수 있는
가정 환경을 만들어준다

아이가 공부하기를 원한다면 아이가 머무는 장소를 공부할 수 있는 분위기로 조성해줘야 한다. 특히 아이의 공부방과 거실은 아이의 공부를 위해서라면 집 안에서 가장 신경 써야 할 장소이다.

일본의 입시 전문가인 오가와 다이스케小川大介는 자신의 저서 『거실 공부의 마법』에서 똑똑한 아이의 집은 거실부터 다르다는 사실을 강조한 바 있다. 입시 전문가로서 수많은 아이들의 집을 방문해본 그는 공부를 잘하는 아이의 집에는 거실에 텔레비전 대신 책장이 있으며, 책장에는 사전이나 도감 등이 꽂혀 있다는 공통점을 발견했다고 한다. 지금, 우리 집 거실은 어떤 모습인지 되돌아보자.

아이의 공부방도 아이가 오랜 시간을 보내는 공간이다. 아이의 공부방을 공부하기에 좋은 환경으로 만들어주기 위해서 점검해야 할 사항은 다음과 같다.

아이의 공부방 환경 점검 사항

구분	점검 사항	유의할 점
벽지	차분한 분위기를 연출하는 미색 계열이나 상상력을 자극할 수 있는 하늘색 계열이 적당하다.	요란하고 알록달록한 벽지나 만화 캐릭터가 그려진 벽지는 아이의 집중력을 흐트러뜨리는 요소로 작용한다.
책상	책상은 벽면에 붙여서 놓는 것이 좋고, 가급적 출입문은 등지지 않고 앉아야 정서적 안정에 도움을 줄 수 있다.	폭이 좁은 책상보다는 넓은 편이 낫다. 좁은 책상은 사고의 폭도 제한할 수 있다.
의자	높낮이 조절이 되고, 등받이가 편안한 의자면 좋다.	바퀴가 달린 의자나 회전의자 등은 가급적 삼가는 것이 좋다. 아이의 주의력을 분산시킬 수 있기 때문이다.
침대	침대는 공부방에 있어야 하는 필수품목이 아님을 기억하자. 침대보다 바닥에 이불을 깔고 자는 편이 아이 건강에도 훨씬 좋다.	가급적 공부방에는 침대를 놓지 않는 편이 바람직하다. 침대를 보면 자고 싶은 유혹에 항상 시달리게 된다.
조명	충분히 밝아야 한다. 조명이 약하면 졸리기 마련이고 심리적으로도 위축되기 쉽다.	가급적 스탠드를 켜고 공부하게 하고, 스탠드는 책상의 왼쪽에 놓도록 한다.
컴퓨터	컴퓨터는 공부방에 들여놓지 않도록 하자. 컴퓨터는 거실에 놓을 것을 권한다.	컴퓨터는 공용 공간에 두어야 게임이나 음란물 등으로부터 아이를 보호할 수 있다.
온도	가급적 20도 정도를 유지한다.	공부방은 집중력을 위해서 따뜻하기보다 조금 서늘한 편이 바람직하다.
공기	공기 정화를 위해 관엽식물을 공부방에 두면 좋다.	산세베리아, 고무나무 등은 공기 정화뿐만 아니라 많은 양의 음이온을 발산하므로 정서 안정에도 좋다.

자녀의 두뇌에서
알파파가 나오게 하라

우리의 두뇌에서 나오는 뇌파 중에는 알파파와 베타파가 있다. 알파파는 우리의 마음이 평온할 때 나오는 뇌파로 집중력과 암기력 등을 향상시켜 학습 효과를 높여줄 뿐만 아니라 정상적인 판단을 할 수 있도록 돕고, 창의성을 유발시키는 뇌파로 알려져 있다. 반면에 베타파는 우리의 마음이 불안하고 긴장되었을 때 나오는 뇌파로 집중력이나 암기력 등을 떨어뜨려 학습 효과를 악화시킬 뿐만 아니라 판단력을 흐리게 만들고 심신을 무기력하게 만드는 뇌파로 알려져 있다.

자녀가 공부도 잘하고, 긍정적으로 원만한 교우 관계를 맺으며 적극적인 학교생활을 하기를 바란다면 뇌에서 알파파가 나오도록 해주면 된다. 알파파의 발생을 막는 가장 커다란 적은 걱정이나 불안감이다. 그렇다면 아이들이 극도의 걱정과 불안감에 휩싸일 때는 언제일까? 아동심리학자들의 연구에 따르면 부모가 싸울 때 자녀들은 극도의 긴장감에 둘러싸인다고 한다. 이때 아이들이 느끼는 불안의 정도는 전쟁이 발발했을 때 느끼는 불안 그 이상이라고 한다.

아이의 머릿속에서 베타파 대신 알파파가 발생하게 하려면 엄마 아빠가 행복하게 지내는 모습을 보여주면 된다. 그러면 아이는 심리적 안정감을 누리게 되고, 이때 발생한 알파파 덕분에 아이의 집중력과 암기력도 상승하게 된다. 이럴 때 하는 1시간의 공부는 컨디션이 저조할 때 하는 10시간의 공부와는 비교할 수 없는 학습 효과를 보여준다. 그뿐만 아니라 심리적으로 안정된 아이는 매사에 긍정적이고 활력이 넘친다. 가정의 평화가 아이를 심리적으로 안정시키는 최고의 특효약임을 기억하자.

아이에게 가장
중요한 환경은 부모이다

아이를 둘러싼 모든 환경 중에서 가장 중요한 환경은 '부모'이다. 좋은 학군, 번듯한 공부방, 비싼 학원 등은 물리적 환경에 지나지 않는다. 아이가 공부를 잘하기 위해서는 심리적 환경이 훨씬 더 중요하다. 그리고 심리적 환경을 제공하는 바탕은 다름 아닌 부모이다.

아이에게 부모보다 더 좋은 환경은 있을 수 없다. 반대로 아이에게 부모보다 더 해로운 환경도 있을 수 없다. 부모는 최고의 환경이 될 수도 있고, 최악의 환경이 될 수도 있다. 가정에서 부모의 역할은 초등학교에서 담임교사와 비교될 수 있다. 아무리 학교 시설과 교육 과정이 좋다 한들, 아이의 학교생활을 좌우하는 가장 큰 요소는 담임교사이다. 아무리 좋은 교육 시설도 마음을 다해 아이들을 가르치는 좋은 교사 한 명을 넘어설 수 없다. 마찬가지로 아이가 아무리 공부하기에 좋은 환경에 둘러싸여 있다고 해도, 아이를 심리적으로 지지해주는 부모만큼 큰 영향을 발휘하기는 힘들다.

부모는 아이에게 워낙 막강한 영향을 미치는 환경이기 때문에 만일 부모가 해로운 환경으로 작용하면 아이는 걷잡을 수 없이 망가진다. 일본의 소아정신과 의사인 도모다 아케미友田明美는 저서 『아이의 뇌에 상처 입히는 부모들』에서 부모에 의해 아이의 뇌가 망가질 수도 있다고 주장했다. 그는 일본 후쿠이대에서 30년 가까이 아동발달에 관해 임상 연구를 진행한 결과, 어른의 부적절한 양육 때문에 아이의 뇌가 변형된다는 사실을 밝혀냈다고 한다. 그에 따르면 부모의 신체적 폭력, 심리적 학대, 언어폭력, 성적 학대, 방임 등이 아이의 뇌에 상처를 주고 심지어 뇌의 구조까지 바뀌게 만든다고 한다. 또한 뇌의 구조가 변형된 아이들은 학습 의욕 저하와 각종 비행, 우울증과 섭식 장애, 조울증과 같은 정신질환을 앓게 될 뿐만 아니라, 충동성이 강해져서 주변 사람들에게 걸핏하면 화를 내고 난폭한 행동을 저지른다고 한다.

아이의 인생에 좋은 영향을 주고자 한다면 부모는 철저히 자신의 삶으로써 가르쳐야 한다. '삶으로 가르치는 것만 남는다'는 사실을 기억하자. 아이는 보지 않는 것 같지만, 부모의 일거수일투족을 모두 지켜본다. 그뿐만 아니라 부모의 말이나 행동을 보고 그대로 따라 한다.

학교에서 아이들을 가르치다 보면 '교사인 나부터 몸가짐을 바로 해야지' 하고 선뜩하게 깨달을 때가 있다. 열심히 가르친 교과 내용은 잘 기억도 못하는 아이들이, 선생님들의 말투나 표정, 심지어 글씨체까지도 금방 따라 하는 것을 볼 때마다 그런 생각이 사무치곤 한다. 몸가짐, 마음가짐을 바로 해야 하는 것이 어디 교사뿐이랴. 아이의 가장 중요하고도 가까운 환경인 부모 역시 자신의 몸가짐과 마음가짐을 수시로 돌아봐야 할 터이다. 부모가 가르치지 않아도 아이는 배운다. 실상은 매 순간 가르치고 있는 중임을 기억하자. 바로 자신의 삶으로써 가르치고 있다는 사실을 말이다.

관계의 법칙
행복은 관계에서
비롯된다

미국 카네기멜론대 연구팀은 인생에서 실패한 사람들에 대한 연구를 진행한 바 있다. 연구팀이 직장 생활, 사회생활, 그리고 가정생활에서 실패한 사람들 1만 명을 표본으로 해서 그 이유가 무엇인지를 알아본 결과, 전혀 의외의 결과가 나왔다고 한다. 조사자 중 85%가 '인간관계'의 실패로 인해 자신의 인생이 실패했다고 생각했다는 것이다. 어렸을 때에는 부모와의 관계에서, 학창 시절에는 친구와의 관계에서, 결혼 후에는 배우자나 자녀와의 관계에서 실패했기 때문에 스스로를 인생의 패배자라고 생각했다는 것이다.

연구팀은 처음에 조사자들이 '학력이 부족해서', '전문 지식이 없어서', '든든한 배경이 없어서' 등을 실패한 인생의 원인으로 꼽을 것이라고 가설을 세웠다. 하지만 정작 그런 까닭으로 실패했다고 응답한 사람은 15%에 불과했다.

아이들의 학교생활도 비슷하다. 아이들의 학교생활 만족도는 성적보다 선생님이나 친구들과의 관계가 얼마나 좋은지 여부에 따라 좌우된다. 자신과 마음이 통하는 친구가 학교에 한 명이라도 있으면 등교하는 아이의 발걸음은 한결 가벼울 것이다. 하지만 마음 맞는 친구가 한 명도 없다면 매일의 등굣길이 얼마나 힘겹겠는가.

기쁨 중에 최고의 기쁨은 관계에서 비롯되는 기쁨이다. 거꾸로 관계의 고통은 인간에게 커다란 근심을 가져다준다. 부모와의 관계가 좋으면 집에 가고 싶고, 친구와의 관계가 좋으면 학교에 가고 싶어진다. 나와 좋은 관계를 맺고 있는 사람들이 많은 곳이 천국이요, 그렇지 못한 곳이 곧 지옥이다.

행복은
관계에서 온다

행복은 삶의 의미이며 목적이고 인간 존재의 궁극적 목표이고 지향점이다.

고대 그리스의 철학자인 플라톤의 제자이자 알렉산더대왕의 스승으로 유명한 아리스토텔레스가 삶의 목적에 관해 남긴 말이다. 그는 삶의 목적이 다름 아닌 '행복'에 있다고 말한다. 아리스토텔레스의 이 말에 대다수의 사람들이 고개를 끄덕이리라고 생각한다. 사실 따지고 보면 우리가 하는 행동의 대부분은 행복을 목표로 한다. 열심히 공부하는 이유, 돈을 버는 이유, 무엇인가를 성취하고자 하는 이유는 결국 행복한 삶을 살기 위함이다.

그런데 우리는 그렇게나 행복을 갈망하면서도 정작 행복이 어디에서 비롯되는지에 대해서는 깊게 알려고 하지 않는 듯하다. 많은 사람들이 돈, 권력, 쾌락이 행복을 가져다주리라고 생각하고 이것들을 얻기 위해 애를 쓴다. 하지만 이것들을 손에 쥐어본 사람들은 하나같이 돈, 권력, 쾌락이 신기루에 불과했다고 고백하곤 한다. 그리고 안타깝게도 이러한 깨달음은 인생의 저물녘에야 찾아온다.

그렇다면 과연 행복은 어디에서 비롯되는 것일까? 필자는 행복의 바탕은 '관계'라고 힘주어 말하고 싶다. 맛있는 음식을 먹을 때를 떠올려보자. 아무리 비싼 스테이크라고 할지라도 관계가 불편한 사람과 함께 먹어야 한다면, 식사 자리가 고역일 것이다. 반면에 내가 소중하게 생각하는 사람과 먹는 소박한 한 끼는 그것 자체로 진수성찬처럼 여겨지리라. 이 단순한 예에서도 알 수 있듯이, 행복은 소유에서 비롯되는 것이 아니라 관계에서 비롯된다.

관계는 행복이 솟아나는 샘터와도 같다. 우리는 관계의 샘터를 잘 돌보아 행복이 메마르지 않도록 해야 한다. 관계의 샘터를 잘 관리하는 사람만이 행복한 인생을 살아갈 수 있다. 본인뿐만 아니라 다른 사람들도 그 샘터 가까이에 와서 행복을 맛볼 수 있다.

관계를 깨면서까지
가르치지 않는다

의욕적으로 자녀를 훈육하고자 하는 부모들이 저지르는 실수가 한 가지 있다. 훈육 자체를 중요시하다 보니 자녀와의 관계를 깨면서까지 가르치려고 하는 것이다. 하지만 이것은 굉장히 지혜롭지 못한 처사이다. 훈육의 기회는 언제고 다시 찾아온다. 하지만 한번 틀어진 관계는 엎질러진 물처럼 다시 돌이키기 힘들다. 『맹자』「이루離婁 상편上篇」을 보면 다음과 같은 구절이 등장한다.

公孫丑曰 君子之不敎子 何也 孟子曰 勢不行也 夫子之間不責善 責善則離 離則不祥莫大焉

공손추왈 군자지불교자 하야 맹자왈 세불행야 부자지간불책선 책선즉리 이즉불상막대언

→ 공손추가 말했다. "군자가 자식을 직접 가르치지 않는 것은 무엇 때문입니까?" 맹자가 말하기를 "현실적으로 안 되기 때문이다. 부자지간에 선을 행하라고 질책하면 안 된다. 선을 행하라고

질책하면 사이가 멀어진다. 부자지간이 멀어지면 이보다 더 나쁜 일은 없다."

맹자는 제자 공손추公孫丑와의 대화에서 군자는 자식을 직접 가르치면 안 된다고 말했다. 그 이유는 가르치려는 사람은 반드시 바른 도리를 가르치려고 하는데, 가르침이 통하지 않으면 가르치는 사람이 화를 내게 되기 때문이다. 화를 내게 되면 자식과의 감정이 상하기 마련이다. 그뿐만 아니라 자식 또한 화를 내는 아버지를 보면서 바른 도리를 행하지 않는다고 생각한다는 것이다. 이런 과정을 거치면서 부모와 자식 간에 감정이 상하는 것보다 나쁜 일은 없다고 맹자는 일 갈했다.

이런 사고의 바탕에는 '가르침'보다 '관계'가 중요하다는 철학이 깔려 있다. 맹자는 자녀를 가르침에 있어서 관계가 깨질 지경에 이르는 것은 나쁜 일이라고 규정했다. 즉, 관계가 유지되는 범위 안에서 아이를 훈육해야 한다는 것이다.

사마천도 『사기열전』에서 맹자와 비슷한 이야기를 했다. 『사기열전』의 마지막 장인 「화식열전편貨殖列傳篇」에는 '좋은 정치'에 관한 구절이 등장한다.

故善者因之 其次利道之 其次敎誨之 其次整齊之 最下者與之爭
고선자인지 기차리도지 기차교회지 기차정제지 최하자여지쟁

→ 가장 좋은 정치는 국민의 마음을 따르는 정치이고, 그다음은 국민을 이익으로 이끄는 정치이다. 세 번째는 도덕으로 가르치고 설교하는 정치이며, 네 번째는 형벌로 겁을 주어 바로잡으려는 정치이다. 가장 최악의 정치는 국민과 싸우는 것이다.

사마천이 1,000년간 중국 왕국들의 흥망성쇠를 살핀 뒤 내린 통찰력 있는 결론이다. 이 구절을 자녀 훈육의 원리로 바꿔 읽어보면 다음과 같다.

가장 좋은 훈육은 자녀의 마음을 따르는 훈육이고, 그다음은 자녀를 이익으로 이끄는 훈육이다. 세 번째는 도덕으로 가르치고 설교하는 훈육이며, 네 번째는 체벌로 겁을 주어 바로잡으려는 훈육이다. 가장 최악의 훈육은 자녀와 싸우는 것이다.

자녀와 싸우면서까지 가르치려고 들면 반드시 반목과 갈등이 생길수밖에 없고 부모 자식 관계가 망가질 수밖에 없다. 부모가 윽박을 지르면 아이는 당장에는 하는 시늉을 할지 모른다. 하지만 필히 관계는 깨지게 되어 있다. 작은 것을 얻고, 큰 것을 잃는 꼴이다. '가르침'보다 '관계'를 중요시했던 맹자와 사마천의 가르침은 작은 것을 잃을지는 모르겠지만 결국 큰 것을 얻을 수 있는 길을 제시한 현명한 지혜가 아닐까?

아이의 친구 관계를
존중한다

4학년 담임을 할 때였다. 한 남자아이가 점심시간에 반 친구 한 명이 자기를 놀이에 자꾸 끼워주지 않는다고 하소연을 해왔다. 그 아이를 불러다 사실 여부를 확인해보니 정말이었다. 이유를 묻자 그 아이의 입에서 이런 말이 튀어나왔다.

"우리 엄마가 얘랑 놀지 말라고 했어요."

나중에 자초지종을 더욱 자세히 파악해보니 엄마들끼리 사이가 좋지 않아 벌어진 일이었다. 엄마들 사이의 관계가 자녀의 친구 관계에까지 영향을 끼치는 현실이 씁쓸했다. 요즘 아이들은 친구를 사귀는 일조차 엄마의 간섭을 많이 받는 듯하다. 특히 사귀는 친구가 엄마 마음에 들지 않을 때에는 더욱 그렇다. 하지만 자녀의 교우 관계에 부모가 지나치게 간섭하는 것은 부모가 아이 인생의 주도권을 뺏는 행동이나 다름없다. 이는 결정 장애로 이어질 수도 있다. 부모는 아이가 선택한 친구가 자신의 마음에 들지 않더라도 기본적으로 아이의 선택을 인정해주려는 태도를 보여줘야 한다.

"걔랑 놀지 마라."

자녀가 마음에 들지 않는 친구를 사귈 때 부모들이 흔히 하는 말이다. 하지만 부모의 이 말을 듣고 그 친구와 관계를 끊는 아이는 많지 않다. 왜냐하면 부모의 눈높이에서는 그 친구가 마음에 안 들지 모르지만 아이 입장에서는 그 친구가 좋기 때문이다.

이 친구는 이래서 안 되고, 저 친구는 저래서 안 된다는 식으로 아이에게 말하면 아이는 '나와 다른 사람들과는 어울리지 말아야 하는구나' 하고 잘못된 편견에 사로잡힐 수 있다. 부모의 마음에 들지는 않지만 아이가 자꾸 어울리는 친구가 있다면, 그 친구와 내 아이가 분명 닮은 구석이 있거나 통하는 구석이 있다는 말이다.

예컨대 욕을 많이 하고 행동이 거친 아이가 있다고 치자. 내 자녀가 이런 아이와 가깝게 지낸다면 두 손 들고 환영할 부모는 없을 것이다. 하지만 자녀가 이런 친구와 자꾸 어울린다면 어떻게 해야 할까? 이런 경우, 그 친구를 통해 내 자녀가 어떠한지를 좀 더 깊이 살펴볼 필요가 있다. '친구는 그 사람의 거울'이다. 어쩌면 자녀의 마음속에 그 친구처럼 욕을 하고, 시시껄렁하게 행동하고 싶은 욕구가 도사리고 있는지도 모른다. 그래서 친구의 그런 모습을 흠모하며 대리 만족하고 있는지도 모른다. 상대에 대한 끌림, 동경, 대리 만족, 동질감 등이 없다면 가까운 교우 관계가 형성될 리 없다. 아이가 만일 부모 마음에 들지 않는 친구를 사귄다면 "걔랑 놀지 마라" 하고 말하기보다는 친구의 모습을 자녀를 이해하는 거울로 삼는 편이 훨씬 바람직하다.

아이들은 친구와 자신을 동일시하는 경향이 있기 때문에 부모가 자신의 친구를 비난하면 아이는 자신을 비난하는 것으로 받아들인다. 따라서 차라리 아이 친구의 좋은 점을 찾아내어 그 점을 칭찬해주는 편이 내 아이를 위해서도 바람직하다. 아이의 교우 관계에 있어서 부모가 할 수 있는 최선의 역할은 아이의 선택을 믿어주는 것이다. 더불어서 좋은 친구를 선택할 수 있는 안목과 바른 가치관을 형성시켜주는 것이 중요하다.

친구가 없다고 하소연하는 아이

"엄마, 나는 같이 놀 친구가 한 명도 없어."

이런 말이 아이 입에서 흘러나오는 것만큼 엄마 마음을 아프게 하는 일도 드물다. 아이들 중에는 친한 친구 없이 혼자서 노는 아이들이 있다. 타고난 기질이나 성향이 혼자 노는 것을 좋아한다면 그리 문제로 삼지 않아도 되겠지만, 아이의 의사와는 달리 다른 요인에 의해 아이가 친구를 사귀지 못한다면 경우에 따라서는 큰 문제가 될 수도 있다. 따라서 원인을 제대로 파악하고 적절한 대처를 해야 한다.

먼저 아이가 친구가 없다고 하소연한다면 그 원인을 짚어보는 것이 우선이다. 보통 언어능력, 사회성, 운동 능력 등 특정 능력이 또래보다 떨어지는 아이들이 친구를 사귀는 데 어려움을 겪는다. 이럴 때에는 아이에게 부족한 능력을 보충해줘야 한다. 또한 아이에게 부족한 능력에 관심을 집중하기보다는 아이가 잘할 수 있는 부분을 부각시켜줘서 아이가 자신감을 회복할 수 있게 해야 한다.

소심하거나 심리적으로 위축된 아이들도 친구 관계를 어려워한다. 이런 아이들은 마음과는 달리 친구들에게 먼저 다가가기를 어려워하고 매사에 자신감이 부족하다. 타인의 눈치도 굉장히 많이 살핀다. 엄격한 부모 밑에서 자란 아이들 중에 이런 경향을 보이는 아이들이 많다. 이런 아이들은 부모가 아이에게 좀 더 자율성을 부여해줘야 한다. 그리고 아이가 어떤 선택을 하더라도 그 선택을 있는 그대로 존중하고 격려해주는 것이 좋다.

지나치게 자기중심적인 아이들도 친구가 없다. 아이들 자체가 워낙 자기중심적인 성향이 있다. 그런데도 지나치게 자기중심적인 아이들을 '밥맛'이라고 하며 놀지 않으려고 한다. 자기중심적인 아이들은 놀이를 할 때 공동의 규칙을 무시하고 자기 마음대로만 하려고 한다. 또한 양보나 타협을 모르다 보니 아이들이 함께 놀고 싶어 하지 않는다. 이런 아이들은 집에서 꼭 지켜야 할 규칙을 만들어 지키게 하고, 양보와 타협의 중요성을 이해시켜줘야 한다.

주의력결핍 과잉행동장애ADHD, Attention Deficit Hyperactivity Disorder를 겪는 아이들도 친구들과 관계를 맺을 때 문제를 일으키곤 한다. 이 아이들은 과도하게 몸을 움직이는 과잉행동을 하거나 수업 시간에 거의 집중을 하지 못한다. 또한 욕구를 억제하는 능력이 현저히 낮아 충동적으로 행동한다. 타인에 대한 배려심도 거의 없고 공격성이 강하기 때문에 친구를 사귀기가 정말 어렵다. 이런 아이와 친구 관계를 맺으려면 상대 아이가 일방적으로 참아줘야 한다. 그런데 초등학생들 중에서 자신의 요구사항을 일방적으로 참으면서까지 친구를 사귀려는 아이는 없다. 따라서 ADHD로 교우 관계에서 문제를 겪는 아이들은 필히 전문가의 도움을 받아 적극적으로 치료해야 한다.

왕따를 당하는 아이들도 친구가 없다. 학교에서 왕따를 당하는 아이들은 몇 가지 특징을 보인다. 이를테면 학교에 가기 싫어한다든지, 학교생활에 대한 짜증이 늘었다든지, 학교생활에 대해 물어도 잘 대답을 하지 않고 얼버무리곤 한다. 혹은 자꾸 다른 학교로 전학을 가고 싶다고 한다든지, 특정한 친구에 대해 적개심을 나타내기도 한다. 아이가 이런 증상들을 보인다면 혹시 학교에서 왕따를 당하고 있지는 않은지 조심스럽게 살펴봐야 한다. 왕따를 당하는 아이들은 대개의 경우 소심하거나 자기 표현력이 약한 경우가 많다. 따라서 명료하게 자신의 마음을 친구들에게 표현할 수 있도록 그 방법을 가르쳐주는 것이 중요하다. 이를테면 "네가 이런 말과 행동을 하는데 나는 그게 너무 싫어. 그러니 더 이상 그러지 마"라고 친구에게 자신의 의사를 전달할 수 있도록 도와야 한다. 아이가 왕따를 당하는 이유를 알아보는 것도 중요하다. 이유 없이 한 아이를 타깃으로 정해 왕따를 시키는 아이들도 있지만 가끔은 왕따의 빌미를 제공해서 왕따를 당하는 경우도 있다. 예컨대 말을 어눌하게 한다든지, 지저분하게 하고 다닌다든지, 독특한 행동 습관이 있는 경우에 아이들은 그것을 빌미로 삼아 친구를 따돌리기도 한다. 만약 아이가 학교에서 왕따를 당하는 이유를 찾았다면 그 원인을 없애주는 것도 왕따 예방에 큰 도움이 된다.

믿음의 법칙
아이는 부모가
믿는 대로 자란다

그리스 신화에는 피그말리온 Pygmalion이라는 젊은 조각가의 이야기가 등장한다. 추한 외모에 콤플렉스로 가득 찬, 키프로스에 사는 피그말리온이라는 젊은 조각가는 주변 사람들과 관계 맺고 살아가기보다 자기 안에 스스로 갇혀 살기를 좋아했다. 그는 자신만이 사랑할 수 있는 아름다운 여인을 조각해놓고 그녀와 대화를 하고 사랑도 나눴다. 그러던 어느 날, 아프로디테(로마 신화에서는 '비너스') 여신의 축제일에 기도를 올리면 소원이 이루어진다는 소식을 듣고 피그말리온은 자신이 만든 조각상이 생명을 얻어 사람이 될 수 있게 해달라고 간절한 기도를 올린다. 피그말리온의 절실한 기도에 감동한 아프로디테는 조각상에게 생명을 선사했고, 피그말리온은 마침내 그 여인과 결혼을 해서 딸 파포스를 낳고 행복하게 살았다는 이야기가 주된 줄거리이다.

이 이야기에서 비롯된 심리학 용어가 '피그말리온 효과Pygmalion effect'이다. 피그말리온 효과란 긍정적인 기대나 관심 혹은 믿음이 사람에게 좋은 영향을 미치는 것을 말한다.

피그말리온 효과와 반대의 뜻을 가진 용어도 있다. 바로 '스티그마 효과Stigma effect'이다. 스티그마 효과는 한번 나쁜 사람으로 찍히면 스스로 나쁜 행동을 하게 되는 상황을 일컫는데, '낙인 효과烙印效果'라고도 한다. 사회심리학에서 일탈 행동을 설명할 때 주로 사용되는 개념이다. 이 개념은 미국의 사회학자 하워드 베커Howard Becker가 주창했는데, 처음 범죄를 저지른 사람에게 범죄자라는 낙인을 찍으면 결국 스스로 범죄자로서의 정체성을 갖고 재범을 저지를 가능성이 높다는 내용을 골자로 한다.

피그말리온 효과와 스티그마 효과는 둘 다 사람에 대한 기대나 믿음이 얼마나 엄청난 결과를 가져오는지 잘 보여준다. 자녀 역시 마찬가지이다. 자녀는 부모의 기대와 믿음대로 자란다.

믿음은 기적을
만들어낸다

피그말리온 효과를 교육학에서는 '로젠탈 효과^{Rosenthal effect}'라고 부른 다. 미국 하버드대 심리학과 교수인 로버트 로젠탈^{Robert Rosenthal}이 자 신의 동료 레노어 제이콥슨^{Lenore Jacobson}과 함께 피그말리온 효과를 교육적으로 증명했기 때문이다.

로젠탈은 미국 샌프란시스코의 한 초등학교의 전교생을 대상으 로 지능검사를 한 후, 지능검사 결과와 관계없이 무작위로 한 반에서 20% 정도의 학생들을 뽑았다. 그리고 그 학생들의 명단을 교사에게 주면서 '지능지수가 높아서 학업 성취도의 향상 가능성이 높은 학생 들'이라고 믿게 만들었다. 8개월 후 놀라운 일이 벌어졌다. 이전과 똑 같은 지능검사를 실시했는데, 이 20%에 속하는 아이들의 평균 점수 가 나머지 80%의 학생들보다 높게 나온 것이다. 그뿐만 아니라 20% 에 속하는 학생들의 학교 성적도 크게 향상되었다. 이렇게 된 가장 큰 원인은 잘못된 정보를 사실로 믿고, 교사들이 20%의 학생들에게 기 대와 격려를 쏟았기 때문이다.

학교에서 아이들을 가르치면서 로젠탈 효과를 많이 경험한다. 6학 년 담임을 할 때 만났던 종훈이가 문득 떠오른다. 종훈이는 매사에 부 정적이었다. 학습 능력은 있는 아이였는데 부정적인 생각 때문에 자 기 능력을 발휘하지 못하는 것이 담임으로서 안타까웠다. 여러 과목

중에서 종훈이는 수학을 다소 못했다. 시험을 보면 종훈이의 수학 성적은 늘 80점 언저리였다. 종훈이는 수학 시험에서 100점을 받는 것은 꿈도 꾸지 않는다고 했다. 하루는 점심시간에 종훈이를 불러다 놓고 이런 이야기를 했다.

"종훈아 너는 공부를 하면 잘할 것 같은데, 선생님이 볼 때 종훈이는 항상 스스로의 능력을 낮게 평가하는 것 같아. 수학도 공부하면 100점 맞을 것 같은데……."

이 말을 들은 종훈이는 피식 웃으면서 대답했다.

"제가 어떻게 수학을 100점 맞아요?"

마침 교실에 반에서 수학을 제일 잘하는 친구가 있어서 그 아이를 불러서 물었다.

"너는 수학 100점 맞을 수 있니?"

이 물음에 아이는 조금도 주저하지 않고 대답했다.

"그럼요. 실수만 하지 않으면 100점 맞을 수 있죠."

나는 종훈이를 바라보면서 다시 물었다.

"종훈아, 저 친구랑 너랑 무슨 차이가 있는 줄 알겠니? 딱 한 가지 차이점이 있다. 너는 수학 100점을 맞지 못할 것이라는 믿음을 가지고 있고, 얘는 수학 100점을 맞을 것이란 믿음을 가지고 있는 게 다르단다. 그 차이가 점수 차로 나타나는 것이 아닐까?"

말없이 듣고 있는 종훈이에게 마지막으로 한마디를 덧붙였다.

"선생님은 종훈이에게 충분히 능력이 있다고 믿어. 너의 능력을 믿고 열심히 하면 지금보다 훨씬 더 나은 결과가 있을 거야. 선생님은 종훈이를 믿는다.”

이 일이 있은 후, 종훈이의 태도가 많이 달라졌다. 전보다 훨씬 긍정적으로 변했고 공부 시간에도 훨씬 더 집중했다. 성적도 자연스럽게 올라서 학년말에는 수학에서도 95점 이상을 받았다. 학교를 졸업할 때쯤 종훈이 입에서는 이런 말이 흘러나왔다.

“선생님 말씀대로 생각을 바꾸고 스스로를 믿으니까 정말 그렇게 되네요. 고맙습니다.”

사람은 희한하게도 누군가 자기를 믿어주면 힘이 나고 능력을 발휘하기 시작한다. 그 누군가가 부모님이나 선생님처럼 가까운 사람이면 더 큰 위력을 발휘한다. 믿음은 기적을 만들어낸다.

‘덫’과 같은 부모
vs ‘닻’과 같은 부모

성경에 ‘믿음은 바라는 것들의 실상이요, 보지 못하는 것들의 증거이다’라는 믿음과 관련된 구절이 있다. 성경의 말씀처럼 믿음은 현실이 아니라 미래와 관련된 것이고, 지금 당장에는 보이지 않는다. 어찌 보면 실체가 없다. 그러나 분명한 것은 현재의 믿음이 미래를 결정한다는 사실이다.

그렇다면 믿음은 어디에서 오는 것일까? 생각에서 온다. 상대에 대해 부정적인 생각을 가지면 자연스럽게 부정적인 믿음이 형성되고, 상대에 대해 긍정적인 생각을 가지면 자연스럽게 긍정적인 믿음이 형성된다. 부모의 잘못된 생각이나 편견 때문에 자녀가 실패한 인생을 살아가는 경우를 주변에서 어렵지 않게 볼 수 있다.

형제를 2년 간격으로 연거푸 담임을 맡은 적이 있다. 두 형제 모두 우수한 실력을 가지고 있었다. 형은 차분하고 영특해서 언제나 1등을 놓치지 않는 아이였다. 동생은 형에 비해 굉장히 활달했고, 1등까지는 아니었지만 공부도 꽤 잘하는 편이었다. 그런데 형제의 엄마와 면담을 하면서 알게 된 사실이 하나 있었다. 형제의 엄마는 항상 '형은 공부 잘하는 아이, 동생은 형보다 못한 아이'라고 생각하고 있었다. 교사가 보기에는 공부 실력을 빼놓고 보면 오히려 동생이 우수한 면이 훨씬 많은 것 같았는데, 형제의 엄마는 공부 실력 하나만을 두고서 형이 더 우수한 아이라고 확신하고 있었다.

형이 학교를 졸업한 후 5년쯤 지났을까? 우연히 길거리에서 형제의 엄마를 만났는데 이야기를 나누다 보니 어느덧 형제의 엄마는 형이 전교 1등을 하고 있다고 자랑하는 중이었다. 나는 동생의 안부도 궁금해서 이야기를 묻자 엄마는 이렇게 말했다.

"선생님도 동생이 형보다 못하다는 것 아시잖아요. 형보다 많이 부족해요."

엄마는 한사코 동생에 대한 자세한 언급은 회피했다. 필자가 보기에 형이 공부를 계속 잘할 수 있었던 것은 엄마가 줄곧 '형이 동생보다 낫다'라고 생각했기 때문이라고 본다. 동생은 형에 비해 결코 뒤지지 않는 실력을 가졌지만, 항상 형보다 못하다고 생각하는 엄마의 생각이 동생을 옥죄었기 때문에 더 큰 능력을 발휘하지 못했으리라.

자녀를 바꾸려면 부모의 생각부터 바뀌어야 한다. 자녀의 능력이 부족하다고 생각하면서 자녀가 잘되기를 바라지 말자. 자녀 교육의 출발점은 자녀에 대한 긍정적 기대를 품고 믿어주는 것이다. 자녀에 대한 생각을 긍정적으로 바꾸는 순간, 자녀에 대한 긍정적 믿음이 생길 것이다.

세상에는 두 부류의 부모가 있다고 한다. 하나는 '덫'과 같은 부모이고, 또 하나는 '닻'과 같은 부모이다. 덫과 같은 부모는 자녀에 대해 끊임없이 부정적인 생각을 하고 부정적인 암시를 건네면서 아이 인생을 꼼짝달싹 못하게 한다. 하지만 닻과 같은 부모는 자녀에 대해 끊임없이 긍정적인 생각을 하고 긍정적인 암시를 줌으로써 아이 인생에 안정감과 자신감을 선물한다. 덫과 같은 부모가 될 것인지, 닻과 같은 부모가 될 것인지는 오롯이 부모 자신의 마음에 달려 있다.

현실에 얽매이지 말고
멀리 바라보자

부모들이 범하는 실수 중에 하나는 자녀의 미래를 자기 마음대로 예단하려고 드는 것이다. 이런 부모들이 마음에 꼭 새겨야 할 구절이 『명심보감明心寶鑑』「성심省心 상편上篇」에 등장한다.

> 太公曰 凡人不可逆相 海水不可斗量
>
> 태공왈 범인불가역상 해수불가두량
>
> → 태공이 말했다. "무릇 사람을 미리 점칠 수 없다. 바닷물을 말斗로
>   그 양을 잴 수 없듯이 말이다."

바닷물의 양을 알량한 크기의 말이나 됫박으로 잰다고 하면 얼마나 우스운 일이겠는가? 절대 잴 수 없다. 사람의 미래도 마찬가지이다. 그 무한한 가능성을 어찌 한 개인이 속단할 수 있단 말인가? 부모가 자녀의 미래에 대해 가질 수 있는 태도는 자녀의 미래가 창창하기를 소망하면서도 철저히 겸손하게 기다리는 태도가 아닐까 싶다.

아이의 지나온 세월과 지금의 모습이 어찌 되었든지 간에 그 아이가 미래에는 또 어떻게 변해갈지 아무도 모를 일이다. 다만 부모가 아이를 향해 품은 생각이 아이 인생의 항로에서 방향타 역할을 할 뿐이다. 배는 방향타가 가리키는 방향으로 가게 되어 있다. 부모의 방향타

가 긍정과 희망의 방향에 맞춰져 있으면 중간에 뜻하지 않은 역풍을 만나더라도 아이는 그 고난을 이겨낼 수 있는 힘을 갖추는 법이다. 하지만 부모의 방향타가 부정과 실망의 방향에 맞춰져 있으면 순풍이 불어도 아이는 앞으로 제대로 나아가지 못한다.

자녀의 미래를 함부로 예단하지 말자. 자녀의 미래는 부모가 예측할 수 있는 영역이 아니다. 다만 부모가 할 수 있는 일은 두렵고 떨리는 마음을 추스르며, 자녀에 대한 긍정적인 기대감을 가지고 끊임없이 격려해주는 일뿐이다.

코앞의 현실에만 매몰되면 암울하고 어둡고 부정적인 생각에 휩싸이기 쉽다. 부모라면 멀리 내다봐야 한다. 부모는 자녀를 키우면서 끊임없이 밀려드는 부정적인 생각들과 싸워나가야 한다. 이 싸움은 하루 이틀 만에 끝나는 단기전이 아니다. 어느 때에는 평화롭다가도 어느 순간 선전포고도 없이 시작되는 장기전이다. 이 전쟁에서 승리하고자 한다면 철저하게 멀리 바라보는 수밖에 없다.

子曰 人無遠慮 必有近憂

자왈 인무원려 필유근우

→ 공자가 말했다. "사람이 멀리 내다보며 깊이 생각하지 않으면, 반드시 가까운 일에 근심이 있다."

『논어』 「위령공편衞靈公篇」에 나오는 공자의 말씀이다. 사람은 멀리 내다보지 않으면 반드시 코앞에서 벌어지고 있는 현실의 문제로 인해 전전긍긍하게 되어 있다. 자녀 문제에 있어서도 마찬가지이다. 자녀와 끝없이 부딪힐 때마다 그 문제에 집착하면 해결은커녕 자녀와의 관계만 악화될 뿐이다. 그때마다 아이의 먼 미래를 생각하면 당장의 어려움으로부터 빠져나올 수 있다.

자녀 인생을 멀리 보려면 부모가 높이 날아야 한다. 부모가 날아오르는 만큼 자녀의 미래가 보인다. 높이 올라야 저 멀리 희망의 빛이 있음을 볼 수 있다. 그래야 내 아이를 그곳으로 이끌어갈 수 있다.

05
사랑의 법칙
아이마다 받고 싶은
사랑은 다르다

박해조 작가의 『이미 그대는 행복합니다』에 실린 '눈먼 최선은 최악을 낳는다'라는 글에는 다음과 같은 이야기가 등장한다.

소와 사자가 있었습니다. 둘은 죽도록 사랑합니다. 둘은 혼인해 살게 됩니다. 둘은 최선을 다하기로 약속합니다. 소는 최선을 다해서 맛있는 풀을 날마다 사자에게 대접했습니다. 사자는 싫었지만 참았습니다. 사자도 최선을 다해서 맛있는 살코기를 날마다 소에게 대접했습니다. 소도 괴로웠지만 참았습니다. 참을성은 한계가 있습니다. 둘은 마주 앉아 얘기합니다. 문제를 잘못 풀어놓으면 큰 사건이 되고 맙니다. 소와 사자는 다툽니다. 끝내 헤어지고 맙니다. 헤어지며 서로에게 한 말은 "난 최선을 다했어"였습니다. 나 위주로 생각하는 최선, 상대를 못 보는 최선, 그 최선은 최선일수록 최악을 낳고 맙니다.

우리에게는 '소와 사자의 사랑 이야기'로 잘 알려진 우화이다. 상대를 사랑하는 마음이 아주 깊다고 하더라도 상대방을 고려하지 않고 내 방식대로의 사랑을 하면 그 마음은 제대로 전달될 수가 없다는 것이 이 이야기의 핵심이다. 눈먼 사랑은 최악의 결과를 가져올 뿐이다.

부모들의
잘못된 사랑 유형

우리가 자녀를 사랑할 때에도 앞에서 이야기한 우화 속의 소와 사자처럼 어긋난 방식으로 사랑을 전하곤 한다. 자녀가 받아들일 수 없는 방식으로 부모의 사랑을 전하며 '나는 최선을 다하는 중'이라고 스스로를 위로하는 것이다. 하지만 이것은 부모 입장에서의 최선일 뿐, 자녀 입장에서는 최악으로 여겨질지 모른다.

과잉보호

요즘 부모들이 많이 범하고 있는 잘못된 자녀 사랑의 대표적인 케이스이다. 자녀를 적게 낳다 보니 '옥이야 금이야' 하면서 자녀를 과잉보호하는 경향이 두드러지는 추세이다. 과잉보호는 아이를 무기력하게 만든다. 집에서 과잉보호를 받으며 자란 아이들은 학교생활을 할 때에도 교사에게 끊임없이 도움을 구한다. 모든 것을 부모가 발 벗고 나서서 도와주니 아무것도 스스로 할 수 없는 아이가 되고 마는 것이다. 모든 일을 부모가 다 해줘 버릇하면, 나중에 아이는 스스로 하는 것 자체를 귀찮아하게 된다. 도전 정신이 있는 진취적인 아이로 키우고 싶다면 아이가 자신의 일은 스스로 할 수 있도록 격려해주고 기다려줘야 한다.

편애

학교에서 아이들이 가장 싫어하는 선생님 중 하나는 편애하는 선생님이다. 인간은 기본적으로 불공평함을 참지 못한다. 편애는 불공평함을 가장 적나라하게 보여주는 잘못된 사랑의 대표적인 케이스이다. 편애는 사랑을 독차지한 자녀와 그렇지 못한 자녀 모두에게 부정적인 영향을 끼친다. 부모의 사랑을 독차지한 아이는 자기밖에 모르는 이기적이고 교만한 사람이 되기 쉽다. 반면에 부모의 사랑을 형제자매에게 빼앗긴 아이의 내면에는 열등감, 비교 의식, 분노와 같은 감정들이 자라난다. 부모도 사람이기 때문에 자녀들 중에서도 유난히 애착이 가는 자녀가 있기 마련이다. 그렇기 때문에 마음이 덜 가는 자녀를 대할 때 오히려 의식적으로 사랑을 표현하려고 노력해야 한다. 또한 부부가 편애 문제에 관해 이야기를 적극적으로 주고받으면서 상대적으로 사랑과 관심을 덜 받는 자녀가 상처를 받지 않도록 노력해야 한다.

무절제한 사랑

무절제한 사랑은 아이가 해달라는 대로 다 해주는 사랑을 말한다. 무절제한 사랑 속에서 큰 아이는 절제와 감사를 배울 기회가 없다. 학교에서 친구나 교사에게 막무가내 식의 태도를 보인다거나 고마워할 줄 모르는 아이들을 살펴보면, 대체로 부족함 없이 원하는 것을 모두 누려본 아이들인 경우가 많다. 세상의 모든 일이 이루어지기 위해서는 시간과 노력이 필요하다. 자녀가 이러한 세상의 이치를 깨닫고 인내하고 절제할 줄 아는 아이로 성장하길 바란다면, 절제된 사랑을 보여줘야 한다.

조건부 사랑

조건부 사랑은 부모가 자녀에게 사랑을 베풀기 전에 어떤 조건들을 붙이는 경우를 말한다. 예컨대 "엄마 말 안 들으면, 이제부터 엄마 딸 아니야", "공부를 잘해야 아빠 딸이지", "이번 시험 100점 받으면 게임기 사줄게" 같은 말들은 조건부 사랑의 대표적인 표현들이다. 부모로부터 조건부 사랑을 받으면 아이는 인색하고 계산적인 사람이 되기 쉽다. 아이의 마음속에는 근본적으로 '우리 부모님은 누가 뭐래도 날 사랑한다'라는 믿음이 자리하고 있어야 한다. 그러기 위해서는

"실수해도 괜찮아", "○○는 아직 어리니까 얼마든지 그럴 수 있어", "그럼에도 불구하고 엄마 아빠는 ○○를 사랑해"와 같이 무조건적인 수용의 태도를 보여줘야 한다.

완벽주의 사랑

완벽주의 사랑을 하는 부모는 자녀에게 끊임없이 완벽해질 것을 요구한다. "다음에는 더욱 잘해야 한다", "조금만 더 잘하면 좋겠다" 같은 말들은 완벽주의 사랑의 대표적인 표현이다. 이런 경우 자녀는 아무리 노력해도 부모가 설정한 높은 기준을 만족시킬 수 없기 때문에 심한 좌절감에 빠지기 쉽다. 또한 완벽주의 사랑을 하는 부모들은 대체로 칭찬에 매우 인색하기 때문에 이런 부모 밑에서 자란 자녀들은 항상 칭찬에 목말라 있으며 인정 욕구가 크다. 그 결과 타인의 인정을 받기 위해 끊임없이 일하는 워커홀릭이 되기 쉬우며, 여유가 부족한 삶을 살기 쉽다. 부모 눈에는 아이가 하는 모든 행동들이 부족해 보이기 마련이다. 하지만 아이의 부족한 부분을 지적하기보다는 조금이라도 잘한 부분을 찾아내어 칭찬하려는 부모의 태도가 필요하다.

앞에서 소개한 과잉보호, 편애, 무절제한 사랑, 조건부 사랑, 완벽주의 사랑 등은 잘못된 자녀 사랑의 대표적인 케이스들이다. 부모 입장에서는 아이에게 사랑을 주었다고 생각할 수 있지만, 정작 자녀는 그 사랑을 느끼지 못한다. 이와 같은 잘못된 자녀 사랑은 바닷물과 같은 사랑이다. 바닷물은 갈증을 해결해주지 못하고 오히려 더 큰 갈증을 불러일으킬 뿐이다. 아이들에게 필요한 것은 생수처럼 순수하고 온전한 사랑이다. 제대로 된 사랑을 받은 아이만이 자신을 사랑할 수 있고 더 나아가 다른 사람도 건강하게 사랑할 수 있다.

5가지
사랑의 언어

미국의 상담가이자 목회자인 게리 채프먼Gary Chapman은 자신의 저서 『5가지 사랑의 언어』에서 사람마다 사랑을 느끼게 하는 요소가 다르다고 이야기하며 그것을 크게 5가지로 범주화 한 바 있다. 바로 인정하는 말(칭찬), 스킨십, 선물, 봉사, 함께하는 시간이다. 다음에 소개하는 각각의 요소를 살펴보면서 자신의 자녀가 어떤 사랑의 언어를 가지고 있는지 파악해보고, 어떻게 하면 아이의 특성에 맞는 사랑을 해줄 수 있을지 생각해보자.

인정하는 말

부모가 칭찬이나 사랑이 담긴 말을 건넸을 때, 부모가 자신을 사랑한다고 느끼는 아이들이 있다. 이런 아이들은 선물이나 스킨십보다 말로 해주는 칭찬과 사랑의 표현을 훨씬 더 좋아한다. 우리 아이의 사랑의 언어가 칭찬이라면 "○○야, 참 잘했구나", "○○는 엄마의 기쁨이야", "○○야, 사랑해"와 같은 말들을 자주 건네주자.

학교에서도 유독 교사의 칭찬 한마디에 감동을 받고 태도의 변화, 나아가서는 삶의 변화를 보이는 아이들이 있다. 보통 여자아이들보다는 남자아이들이 칭찬의 언어에 약한 경향을 보인다. 대체로 남자아이들의 인정 욕구가 여자아이들보다 강하기 때문이다. 또한 남자아이들은 "참 잘했구나", "대단한데?"와 같이 결과와 능력 위주의 칭찬을 좋아하고, 여자아이들은 "잘하고 있구나", "사랑해"와 같이 과정을 칭찬해주고 감정을 표현해주는 칭찬을 좋아한다.

스킨십

부모가 뽀뽀, 쓰다듬어주기, 토닥토닥 해주기와 같은 스킨십을 해줄 때 부모가 자신을 사랑한다고 느끼는 아이들도 있다. 스킨십이 사랑의 언어인 아이들은 백 마디의 칭찬이나 격려보다 한 번 꼭 안아주고 어깨를 다독거려주는 편이 훨씬 효과적이다. 학교에서도 교사에게 붙어서 냄새를 킁킁 맡는다든지, 자기의 볼을 갖다 대는 아이들이 있는데, 이런 아이들은 스킨십을 통해 교사의 사랑을 확인하고 싶은 것이다. 초등 저학년일 경우, 우리 아이의 사랑의 언어가 스킨십이라면 자녀와 함께 목욕을 하는 것도 효과적이다.

선물

부모가 용돈을 주거나 선물을 사줬을 때, 부모가 자신을 사랑한다고 느끼는 아이들도 있다. 이런 아이들은 자기 생일에 부모가 무슨 선물을 해줄지, 용돈은 얼마나 주는지 등에 대해 관심이 많다. 보상으로 주로 돈을 요구하는 아이들이 이 성향에 속한다. 학교에서도 교사가 주는 연필 한 자루도 의미 있게 생각하는 아이들이 있다. 이런 아이들에게는 연필 한 자루가 그냥 연필 한 자루가 아니다. '선생님이 나를 사랑하고 아끼는 증표'이다. 따라서 이런 아이들에게 만일 부모가 생일날 선물을 사주지 않으면 큰 난리가 나고야 만다. 단순히 선물을 못 받아서가 아니라 부모가 자신에게 관심이 없다고 생각하기 때문이다.

봉사

부모가 자신을 위해 봉사해줄 때, 즉 자신의 방을 청소해준다거나 맛있는 요리를 만들어줄 때 부모가 자신을 사랑한다고 생각하는 아이들이 있다. 남자아이들에게서 많이 나타나는 사랑의 언어로 부모 입장에서는 육체적인 수고가 조금 따른다. 이 성향의 아이들은 적절한 때에 수고가 많이 들어간 밥상을 잘 차려주는 것이 최선이다.

함께하는 시간

부모가 자신과 시간을 함께 보내줄 때, 부모가 자신을 사랑한다고 느끼는 아이들이 있다. 이런 경향이 있는 아이들은 부모가 함께 시간을 보내주면 "우리 엄마 아빠 최고"라는 말이 절로 입에서 흘러나온다. 이런 성향의 아이들은 부모가 가는 곳이라면 어디든지 함께 따라가려고 한다. 부모와 오랜 시간을 보내며 부모의 사랑을 확인하고 싶은 것이다. 주로 여자아이들에게서 이런 성향이 많이 나타나는데 여자아이들이 남자아이들에 비해 관계의 욕구가 크고 관계를 중요시하기 때문이다.

권위의 법칙
아이에게 제대로 된
권위를 가르쳐라

교사들이 가장 난감해하는 아이들 중 하나가 '막무가내'인 아이들이다. 이런 아이들은 교사가 무슨 말을 해도 잘 듣지 않는다. 이름을 불러도 못 들은 척하기 일쑤이고, 조금이라도 다그치면 저학년 아이들의 경우에는 울거나 떼를 쓰고, 고학년 아이들은 교사에게 대들곤 한다. 교사로 하여금 두 손 두 발 다 들게 하는 아이들이다.

필자도 4학년 아이들을 가르칠 때 막무가내인 남자아이를 만난 적이 있다. 아이도 아이였지만 아이 엄마와의 면담이 유독 기억에 많이 남는다. 학부모 면담 때 필자는 아이의 엄마에게 아이의 학교생활에 관해 말씀을 드렸다. 물론 대부분 부정적인 내용이었다. 나의 이야기를 다 들은 아이 엄마의 입에서는 이런 말이 흘러나왔다.

"선생님께서 다 책임져주시고 제 아이 좀 어떻게 해주세요. 제 말은 도통 듣질 않아요."

교사로서 참 난감했다. 부모도 어찌할 수 없는 아이를 교사가 어찌한단 말인가! 수십 년간 교사 생활을 하는 동안, 부모의 말을 듣지 않는 아이가 교사의 말을 잘 듣는 경우는 거의 보질 못했다.

권위와 권위주의는 다르다

요즘 부모들의 육아 트렌드는 '아이에게 친구 같은 부모'인 듯하다. 친구 같은 부모란 부모 자녀 관계가 예전처럼 부모는 윗사람이고 아이는 아랫사람인 수직적 관계가 아닌, 친구처럼 동등한 수평적 관계임을 강조한 말이다. 참 좋은 말이다.

하지만 친구 같은 부모의 양육 철학은 아이를 존중하고 사랑하는 마음에서 나왔다기보다는 권위주의에 대한 반감에서 나온 측면이 크다. 권위주의와 권위는 다르다. 다른 사람을 이끄는 힘을 의미하는 권위는 참으로 소중한 능력이자 존중되어야 마땅하다. 하지만 안타깝게도 우리 사회에는 언젠가부터 권위를 인정하지 않으려는 경향이 생겨나기 시작했다. 부모의 권위는 말할 것도 없고, 교사의 권위도 땅에 떨어진 지 이미 오래되었다. 이런 현실은 권위의 병폐가 아니라 권위주의 때문에 생겨난 병폐이다.

권위는 인간 사회의 질서를 유지하기 위해 꼭 필요하다. 한 국가의 대통령의 권위가 무시된다면 그 국가는 제대로 운영될 수 없다. 마찬가지로 한 가정에서 부모의 권위가 무시된다면 그 가정은 콩가루 가정이 되고야 만다. 따라서 권위는 인정되고 존중되어야 한다. 문제는 그러한 권위를 남용하고 오용하는 권위주의이다. 권위와 권위주의를 헷갈려서는 안 될 일이다.

가정 폭력을 휘두르는 아빠를 보면서 자란 아이들은 아빠를 싫어할 뿐만 아니라 아빠가 가진 권위도 싫어하게 된다. 이런 아이들은 권위에 대한 반감이 있기 때문에 가정 밖에서도 권위를 부정한다. 학교에서는 권위의 상징인 교사를 싫어하고, 교사의 말을 안 들으려고 하는 것이다. 교사의 말을 잘 따르지 않는 아이가 성공적인 학교생활을 하기란 어려운 일이다.

모든 권위는 부모와 자식 사이에서 출발한다. 부모의 권위를 인정하고 존중하는 아이들은 학교에서 교사의 권위도 인정하고 존중한다. 이런 아이들은 커서 사회적 권위도 쉽게 인정하고 존중한다. 상황이나 대상에 따라 권위의 모습이 다르지만 그 본질은 같은 것이기 때문이다. 아이가 성공적인 사회생활을 할 줄 아는 사람으로 성장하기를 바란다면, 먼저 가정에서 부모의 권위를 인정하는 법부터 제대로 가르쳐야 한다.

부모가 자녀에게 권위를 제대로 가르치기 위해서는 부모가 권위의 중요성을 먼저 인식하고 있어야 한다. 하지만 많은 부모들이 자녀 앞에서 권위를 세우는 일을 구태의연하며 청산해야 할 일쯤으로 치부한다. 앞에서도 이야기했지만, 이는 권위주의와 권위를 혼동해서 벌어지는 오해이다.

전과 다르게 요즘 들어 부쩍 마트나 공공장소에서 쉽게 볼 수 있는 장면이 있다. 어린 자녀가 바닥에 드러누워 소리를 지르고 떼를 쓰는 모습이다. 심지어 어떤 아이들은 부모를 발로 차고 주먹질을 하면서 떼를 쓰기도 한다. 아이의 모습보다 더욱 놀라운 것은 이런 아이를 대하는 부모의 태도이다. 아이가 떼를 쓰다 못해 부모에게 험한 말을 던지고 주먹다짐을 해도 엄하게 꾸짖지 않고 혼내지 않는 부모가 적지 않다. 하지만 이런 상황에서는 아이의 잘못된 태도를 엄하게 꾸짖고, 다시는 그러지 않도록 엄격하게 훈육해야 한다. 그래야 부모의 권위를 어려워할 줄 알고 권위를 인정하는 아이로 성장할 수 있다.

권위는 효도로써
알 수 있다

아이가 부모의 권위를 얼마만큼 인정하고 있는지를 평가할 수 있는 잣대가 있다. 바로 '효孝'이다. 충효忠孝는 동양 사상의 핵심이자 근간이 되는 사상이다. '충'과 '효'는 대상만 다를 뿐이지 상대를 공경하는 마음이라는 점에서 그 본질이 같다. '충'이 나라와 윗사람에 대한 공경의 마음이라면, '효'는 부모를 공경하는 마음이자, 부모의 뜻에 어긋남이 없고자 하는 마음이다.

하지만 권위를 둘러싼 요즘 사람들의 태도처럼 부모에 대한 '효'도 예전보다 그 중요성이 경시되고 있는 듯하다. 효도의 시작은 부모를 공경하는 태도이다. 부모의 권위를 인정하지 않고서는 부모를 공경할 수 없다. 『소학小學』「명륜편明倫篇」에는 이에 관한 구절이 담겨 있다.

愛親者不敢惡於人 敬親者不敢慢於人

애친자불감악어인 경친자불감만어인

→ 부모를 사랑하는 사람은 감히 남을 미워하지 못하며, 부모를 공경하는 사람은 감히 남에게 함부로 대하지 않는다.

남을 미워하지 않고 함부로 대하지 않는 아이는 어디를 가든지 환영받는 아이가 될 것이다. 효도란 결국 남을 위한 것이 아니라 아이 자신을 위한 일인 셈이다.

아이에게
권위를 가르쳐라

많은 부모들이 권위 있는 부모가 되고 싶지만 어떻게 해야 권위를 세울 수 있을지를 모르겠다고 어려움을 토로한다. 아이에게 권위를 제대로 가르칠 수 있는 방법에는 무엇이 있을까?

무엇보다 부모의 권위는 부모의 일관된 태도에서 나온다는 사실을 기억하자. 일관된 태도를 가졌다는 말인즉 부모가 양육의 원칙을 가지고 있다는 이야기이다. 많은 부모들이 아이를 양육하면서 일관된 태도를 유지하지 못하곤 한다. 예컨대 아이가 거짓말을 했다고 치자. 부모에게 일관된 양육의 원칙이 있다면 이 아이는 거짓말을 할 때마다 혼이 날 것이다. 그러면 아이는 어떤 경우에도 거짓말을 해서는 안 된다는 사실을 제대로 배우게 된다. 반면에 아이가 거짓말을 했을 적에 부모가 상황에 따라 어떤 때는 혼을 내고, 어떤 때는 그냥 넘어간다면 아이는 혼란에 빠지게 된다. 더 나아가서는 부모의 기분에 따라 꾸지람 여부가 결정된다고 생각하기 쉽다. 이렇게 되면 부모의 권위는 떨어질 수밖에 없다.

일관된 양육 태도는 부모의 권위를 세워줄 뿐만 아니라, 아이에게 행동의 자유로움도 선사한다. 어렸을 때부터 아이에게 '해도 되는 일'과 '해서는 안 되는 일'을 분명하게 알려주면, 아이는 부모의 기분과 눈치를 살필 필요 없이 일관된 규칙 안에서 자유롭게 행동할 수 있다.

엄격함 속의 자유라고 해야 할까?

부모에게 존댓말을 쓰도록 하는 것도 권위를 가르치는 좋은 방법이다. 부모 자식 사이에 존댓말을 쓰면 거리감이 생기는 것 같다고 썩 내켜 하지 않는 사람들도 있다. 하지만 언어는 우리의 사고를 지배한다. 높임말을 사용하면 없던 존경심도 생겨나곤 한다. 높임말은 상대와 나 사이에 일정한 거리를 유지하게끔 만들어주는 완충제의 역할도 한다.

아이에게 권위를 제대로 가르치기 위해서는 부모의 권위를 내려놓아야 한다. 역설적으로 들리겠지만, 권위는 내려놓을 때 비로소 생긴다. 권위를 내려놓지 못하면 권위주의가 될 수 있다. 아이와 시선을 맞추기 위해서 부모가 무릎을 꿇어 아이의 눈높이까지 키를 낮추는 것은 권위를 내려놓은 행동이다. 반면에 아이에게 부모를 똑바로 쳐다보라고 다그치며 고개를 들어 부모를 바라보게 만드는 것은 권위주의적인 행동이다.

자녀와 대화를 나눌 때에도 마찬가지이다. 자녀에게 끊임없이 가르치려고만 드는 자세는 권위주의적인 태도에 불과하다. 히브리어로 '라마드 למד'라는 동사는 '배우다'라는 뜻과 '가르치다'라는 뜻을 모두 내포하고 있다. 라마드가 일반형으로 쓰이면 '배우다'라는 뜻이고, 강조형으로 쓰이면 '가르치다'라는 뜻을 표현한다고 한다. 유대인들은 배우는 것과 가르치는 것을 동일한 행위로 인식했던 셈이다. 나이, 계급, 성별에 관계없이 두 사람이 짝을 짓고 서로 질문을 주고받으면서

논쟁하는 유대인의 전통적인 토론식 교육법인 하브루타^{Havruta}는 배움과 가르침이 본질적으로 같다는 유대인들의 인식에서 비롯된 탁월한 교육 방식이다. 진정한 친구 같은 부모 자녀 관계는 부모와 자녀가 서로를 존중하며 자신의 생각을 허심탄회하게 나눌 수 있는 관계가 아닐까.

권위를 내려놓으라고 해서 모든 것을 아이에게 맡기라는 뜻은 아니다. 어린아이에게 가장 가혹한 말 중 하나가 뭔지 아는가? 바로 '네 마음대로 해'라는 말이다. 아이에게 전권을 맡기고 마음대로 하도록 두는 부모는 겉에서 보았을 땐 권위적이지 않고 쿨한 부모처럼 보일지 모르겠지만, 실상은 무책임한 부모에 불과하다. 부모가 권위를 가지고 자녀 교육의 주도권을 올바르게 행사할 때, 아이는 바르고 안정감 있게 성장한다는 사실을 명심하자.

성품의 법칙
실력이 추천장이라면
성품은 신용장이다

스포츠에 조금이라도 관심 있는 사람이라면 '테니스 황제'라고 불리는 로저 페더러Roger Federer를 모르지 않을 것이다. 페더러는 세계남자프로테니스협회 투어 통산 100승을 달성한 선수이다. 사실 기록으로만 따지자면 페더러보다 더 많은 우승을 달성한 선수가 4명이나 있다. 하지만 페더러에 대한 테니스 팬들의 사랑은 그 어떤 선수들보다 독보적이다. 페더러는 팬들이 뽑는 최고 선수상을 2003년부터 2018년까지 무려 16년 연속으로 수상했다. 그뿐만이 아니다. 동료선수가 뽑는 스테판 에드베리 스포츠맨십상을 2004년 이후 지금까지 13차례나 수상했다. 페더러에 대한 팬들의 사랑이 식을 줄 모르는 까닭은 무엇일까? 바로 그의 성품 때문이다.

페더러가 전 세계 팬들에게 열렬한 사랑을 받는 이유를 알 수 있는 일화 하나를 소개할까 한다. 2008년 베이징올림픽 당시, 미국 농구팀을 비롯해서 세계적인 스타 선수들은 선수촌이 아닌 특급 호텔에 머물렀다. 하지만 페더러는 세계적 스타임에도 불구하고 '나도 대회에 참가하는 수많은 선수들과 똑같은 올림피언'이라면서 선수촌에 입촌했다. 스타 의식이라곤 찾아볼 수 없는 겸손한 행보였다. 하지만 페더러는 입촌한 지 하루 만에 선수촌을 나왔다. 그에게 사인을 요청하는 선수들이 페더러의 방 앞에 장사진을 이뤘는데, 그로 인해 다른 선수들에게 폐가 될 것을 염려하여 퇴촌을 결심했다고 한다. 이 역시 타인을 배려할 줄 아는 페더러의 성품이 드러나는 행보였다.

실력보다 성품이
더 큰 영향력을 미칠 수 있다

표준국어대사전에 따르면 성품은 '사람의 성질이나 됨됨이'를 일컫는 말이다. 성품은 사람이 살아가는 동안 실력보다 더욱 중요한 영향을 발휘한다. 그럼에도 불구하고 우리는 아이가 좋은 성적을 받는 일에만 관심을 쏟느라 성품의 중요성을 간과한다. 하지만 좋은 성품이 바탕이 되지 않은 채 공부만 잘하는 것만큼 위험한 일도 없다. 아이 스스로에게도 주변 사람들에게도 그것만 한 해악이 없다.

성품의 중요성을 잘 보여주는 사례로 '보스턴 40년 연구'를 들 수 있다. 이는 아이의 성장에 영향을 끼치는 요소 가운데 어떤 것이 가장 결정적인 영향을 끼치는지 알아보기 위해서 미국 보스턴대에서 7세 아동 450명을 대상으로 실시한 연구이다. 연구팀은 아이들의 지능, 정서 능력, 부모의 사회·경제적인 지위 등 여러 조건을 조사한 뒤, 40년이 지나 이 아이들이 어떻게 성장했는지를 추적 조사했다. 그 결과 정서 능력이 뛰어났던 아이들, 즉 감정 조절을 잘하고 타인과 어울리기를 즐기며 긍정적인 정서를 지닌 아이들이 성공적인 삶 혹은 타인에게 존경받는 삶을 살아가고 있었다. 지능지수나 부모의 배경은 그다지 중요하게 작용하지 않았다. 이 연구에서 말하는 정서 능력을 우리 식으로 말하자면 곧 좋은 성품을 의미한다.

"IQ(지능지수)는 성공의 20%를 좌우하지만 성품(정서 능력)은 80%를 좌우한다."

미국의 심리학자이자 하버드대 교수인 대니얼 골먼Daniel Goleman의 말이다. 부모라면 이 말의 의미를 다시 한 번 되새길 필요가 있다. 부모들 중에는 아이의 시험 점수에는 초미의 관심을 기울이면서도, 아이가 제대로 된 성품을 지녔는지에 대해서는 무관심한 사람들이 있다. 선후 관계가 바뀌어도 한참 바뀌었다. 좋은 성품을 갖추지 못하면 실력으로 얻은 지위, 학식, 명예, 부, 권력은 하루아침에 이슬처럼 사라질 수 있다. 보검寶劍일수록 좋은 칼집이 필요하듯 실력이 뛰어난 아이일수록 좋은 품성을 갖춰야 그 실력이 올바르게 발휘될 수 있다.

성품 좋은 아이들이 공부도 잘할 수 있다

학교에서 아이들을 가르치다 보면 종종 화가 나는 상황이 발생하곤 한다. 어지간한 장난이라면 기분 좋게 웃으면서 받아줄 수 있겠지만, 매우 심각한 주제를 가지고 수업을 진행하고 있는데, 분위기에 전혀 맞지 않게 키득대고 깔깔대는 아이들을 보면 정말 참을 수 없는 화가 치밀 때가 있다.

한번은 6학년 아이들에게 국제 어린이 구호단체인 유니세프Unicef의 활동에 관해 가르쳐주면서 유니세프에서 제작한 영상을 보여준 적이 있었다. 텔레비전 화면에서는 뼈만 앙상하게 남은 아이의 모습, 제때 치료를 받지 못해 사경을 헤매는 아이의 모습 등 기아에 허덕이는 아프리카의 실상이 고스란히 나왔다. 그런데 마음 아픈 장면을 시청하는 와중에 교실 한구석에서 킥킥대는 소리가 들려왔다. 남자아이 몇몇이 자기들끼리 속닥대며 웃고 있는 것이었다. 감수성과 정서 능력이 현저히 떨어지는 아이들이라고밖에 생각할 수 없었다. 아이들의 성품도 의심되었다. 성품이 좋은 아이들은 대부분 타인의 기쁨에 함께 행복해하고, 타인의 슬픔을 함께 애도한다. 감수성과 공감 능력이 매우 뛰어나며 정서도 풍부하다.

성품 좋은 아이들의 이러한 능력은 교과 성적에 직접적인 영향을 끼치기도 한다. 감수성과 공감 능력이 떨어지는 아이들은 국어 교과에 흔히 등장하는 '주인공의 마음은 어땠을까?', '내가 주인공이라면 어떻게 행동했을까?'와 같은 물음에 전혀 엉뚱한 대답을 하곤 한다. 상황 파악을 못할 뿐만 아니라, 인물에 대한 감정 이입이 전혀 되지 않기 때문이다.

공부란 외부에서 주어지는 정보를 받아들여 자기 것으로 만드는 과정이라고도 할 수 있다. 품성이 좋은 아이들은 외부의 자극을 자기 것으로 만드는 능력이 뛰어나다. 이런 감수성과 공감 능력은 학습하는 과정에도 그대로 반영된다. 성품이 좋은 아이들은 어떤 정보가 주어졌을 때 자기가 원래 알고 있던 정보나 체험과 연결 지어서 그 정보를 자기 것으로 만들어내는 능력이 우수하기 때문에 공부도 잘하는 편이다.

반면에 감수성과 공감 능력이 떨어지는 아이들은 외부에서 같은 자극이 주어져도 자신이 알고 있거나 경험했던 내용과 어떻게 연결 지어야 하는지, 어떤 반응을 내려야 하는지 잘 모른다. 그렇기 때문에 학습의 효율이 떨어지고 공부도 썩 잘하지 못한다.

성품은
물과 같은 것이다

『명심보감』「계성편戒性篇」에는 사람의 성품을 물에 비유한 구절이 나온다.

人性如水 水一傾則不可復 性一縱則不可反 制水者必以堤防 制性者
必以禮法

인성여수 수일경즉불가복 성일종즉불가반 제수자필이제방 제성자
필이예법

→ 사람의 성품은 물과 같다. 물이 한번 쏟아지면 다시 주워 담을 수
없듯이, 성품도 한번 방종해지면 되돌릴 수 없다. 물을 통제하기
위해 반드시 둑을 쌓아야 하듯이, 성품을 올바로 다스리기 위해
서는 반드시 예법을 지켜야 한다.

아이들을 가르치다 보면 한 번의 실수로 비행의 길에 빠진 아이가
걷잡을 수 없이 막 나가는 모습을 볼 때가 있다. 그럴 때마다 『명심보
감』에 실린 이 구절을 종종 떠올리게 된다. 그렇다면 어떻게 해야 아
이가 자신의 성품을 올바로 지켜나갈 수 있도록 키울 수 있을까? 『소
학』「가언편嘉言篇」에 나오는 구절에 그 답이 숨어 있다.

敎小兒先要安詳恭敬 今世 學不講 男女從幼 便驕惰壞了 到長益凶
狠 只爲未嘗爲子弟之事

교소아선요안상공경 금세 학불강 남녀종유 변교타괴료 도장익흉
한 지위미상위자제지사

→ 어린아이들을 가르칠 때에는 먼저 마음을 차분히 하도록 하고,
   자상하고, 공손하고, 공경할 것을 가르쳐야 한다. 오늘날에는 학
   문을 제대로 배우지 않아서, 남녀가 어릴 때부터 교만하고 게을
   러져 행실이 바르지 않고, 자라서는 더욱 흉악하고 사나워졌다.
   이것은 어린 사람으로서 할 일을 배우지 않았기 때문이다.

구약성경의 『잠언』에도 이와 유사한 가르침이 담겨 있다. '마땅히
행할 길을 아이에게 가르치라. 그리하면 늙어도 그것을 떠나지 아니
하리라.' 성서 해설에 따르면, 여기에서 '늙어도'는 사춘기를 의미한
다고 한다. 즉, 어려서부터 마땅히 행할 바를 철저히 가르치면 사춘기
때에도 방종해지지 않는다는 뜻일 터이다. 마땅히 행할 바를 철저히
가르쳤음에도 훗날 아이가 올바르게 살아가지 못하는 것은 아이의
몫이다. 하지만 마땅히 행할 바를 철저히 가르치지 않은 것은 온전히
부모의 책임이다.

좋은 성품의 함양을 위해
예체능을 활용하라

필자는 좋은 성품을 가진 아이로 키우기 위한 방법으로 예체능 교육을 적극 권한다. 초등학교 저학년들은 피아노, 바이올린, 수영, 발레, 태권도, 미술 등 다양한 예체능 교육을 받느라 바쁘다. 문제는 고학년이다. 고학년이 되면 국어, 영어, 수학 학원을 다니느라 예체능 활동과는 담을 쌓는 경우가 많다. 입시 위주의 교육 현실에서 어쩔 수 없는 선택이기는 하지만, 안타깝기가 그지없다.

미국 오리건대 심리학과의 마이클 포스너Michael Posner 교수에 따르면, 분야에 관계없이 모든 예술 교육은 뇌에서 주의 집중을 담당하는 부위를 강화시켜 전반적인 인지 기능을 향상시킨다고 한다. 즉, 아이가 예술 교육을 즐거워할 뿐만 아니라 집중해서 연습할 경우, 뇌 회로가 변화하고 주의 집중력, 언어 민감성, 수 민감성 등의 인지 기능이 좋아진다고 한다.

예체능 교육은 인지적 측면보다 정서적 측면에서 더 큰 가치가 있다. 아이들이 국영수 중심의 지식 교육만 받다 보면 지나친 스트레스를 받을 뿐만 아니라 경쟁 지향적인 성향이 되기 쉽다. 이는 심한 우울증이나 자존감 하락으로 이어지고 심한 경우에는 자살 충동에도 휩싸이게 된다. 예체능 교육은 이런 정서적인 문제를 상당 부분 감소시켜줄 뿐만 아니라 인내심, 안정감, 창의성, 사회성, 협동심 등 긍정적인 정서를 심어줄 수 있다. 예체능 활동은 아이들에게 삶의 활력이나 숨구멍이 되기도 한다. 그런 맥락에서 1인 1악기 1운동을 적극 추천한다.

어제보다 한 뼘 더
성장한 아이로 키우기 위해서는

미국 건국의 아버지이자 100달러 지폐 속 초상화의 주인공인 벤자민 프랭클린Benjamin Franklin은 그만의 특별한 루틴으로 더욱 유명하다. 프랭클린은 13가지의 덕목, 즉 절제, 침묵, 규율, 결단, 절약, 근면, 성실, 정의, 중용, 청결, 평정, 순결, 겸손을 수첩에 메모해놓고 이를 매일 제대로 실천했는지 여부를 점검하는 삶을 평생 이어갔다고 한다. 또한 13가지의 덕목 중에서 하나를 선택해 일주일 동안 집중적으로 실천하고자 노력했다고 한다. 이와 같은 끊임없는 자기 성찰과 반성 덕분이었을까? 살아생전 뚜렷한 직위에 올라선 적이 없었음에도 불구하고 프랭클린은 고액권 지폐에 자신의 얼굴을 남길 수 있었다.

벤자민 프랭클린처럼 어떤 기준을 세우고 그것에 근거하여 나날의 삶을 반성해야만 나의 매일이 새로울 수 있으며, 인생에 발전이 있다. 공부를 잘하는 방법도, 성품을 도야하는 방법도 이와 다르지 않다. 어제보다 한 발짝 더 나은 사람이 되기 위해서는 사소하더라도 매일의 계획과 원칙을 세우고 실천해야 한다. '하루에 착한 일 한 가지 꼭 하기', '친구 꼭 도와주기', '교실에 버려진 쓰레기 한 개는 꼭 줍기' 등 아이에게 작지만 의미 있는 원칙을 세우게 하고 잠자리에 들기 전 자신이 세운 규칙을 잘 지켰는지 되돌아보는 시간을 가질 수 있도록 하자. 이런 하루하루가 쌓이면 아이 스스로 자신의 인생에 의미와 가치를 부여하게 된다. 더 나아가서는 자존감이 높아지고 긍정적인 에너지가 샘솟아 활력 있는 삶을 살아가게 된다.

매일 더 나은 사람, 새로운 사람이 되기 위해서 일기만 한 것이 없다. 꾸준히 일기 쓰는 습관을 들인 아이는 그렇지 않은 아이보다 나은 성품을 가질 확률이 높다. 일기를 쓰다 보면 스스로를 되돌아보게 될 뿐만 아니라 앞으로 좀 더 나아지고자 하는 강한 열망에 사로잡히게 되기 때문이다.

08

참을성의 법칙

참을성은
인간의 조건이다

1968년, 미국 스탠퍼드대 교수이자 심리학자인 월터 미쉘^{Walter} Mischel 박사는 만 5세 아동 600명을 대상으로 만족 지연 능력과 자제력에 관한 위대한 실험을 실시했다. 그는 배가 적당히 고픈 아이들에게 마시멜로 한 봉지를 건네주면서 지금 당장 먹을 수도 있겠지만 15분을 더 참으면 그 보상으로 마시멜로를 추가로 한 봉지 더 주겠다고 제안한다. 이 제안을 받고 난 뒤 아이들이 보인 반응은 크게 세 가지로 나뉘었다. 한 그룹의 아이들은 마시멜로를 바로 먹어버렸다. 또 다른 그룹의 아이들은 참다가 포기하고 마시멜로를 먹어버렸다. 마지막 그룹의 아이들은 끝까지 참고 기다려서 마시멜로를 한 봉지 더 얻는 데 성공했다.

우리에게는 '마시멜로 실험'으로 잘 알려진 이 실험은 여기에서 끝나지 않았다. 연구팀은 이 실험에 참가한 아이들을 30년에 걸쳐서 추적 조사를 했다. 결과는 매우 놀라웠다. 마시멜로를 참지 못하고 먹어버린 아이들과 끝까지 참고 먹지 않은 아이들 사이의 SAT^Scholastic Aptitude Test(미국의 대학 입학 자격 시험) 성적 평균은 무려 210점이나 차이가 났던 것이다. 그뿐만 아니라 마시멜로를 먹지 않고 끝까지 참았던 아이들은 성인이 되어서도 매우 행복하고 성공적인 삶을 살아갔던 반면에, 그렇지 못했던 아이들은 실패한 삶을 살아가는 경향이 컸다고 한다.

이 실험을 계기로 전 세계적으로 교육의 방향이 급선회하게 되었다. 이 실험 전까지는 교육의 목표가 대체로 IQ^Intelligence Quotient(지능지수)를 높이는 데 집중되어 있었다. 하지만 이 실험 이후에는 EQ^Emotional Quotient(정서 지수)가 중요한 이슈로 떠올랐다. 이후에도 수많은 후속 실험들에 의해 머리 좋은 사람보다 참을성 있는 사람이 성공할 확률이 높다는 사실이 속속 밝혀졌다.

참을성이란 무엇인가

"넌 왜 이렇게 참을성이 부족하니?"

주의가 산만하거나 무슨 일을 하든 끝을 못 보는 아이를 혼낼 때 흔히 쓰는 말이다. 우리가 일상에서 흔히 쓰는 '참을성'이라는 말을 표준국어대사전에서는 '참고 견디는 성질'이라고 정의하고 있다. 하지만 교육심리학적 관점에서 참을성이란 '만족 지연 능력', 즉 당장 하고 싶은 것을 참고 조절하여 뒤로 미룰 줄 아는 능력을 일컫는다. 앞서 언급한 마시멜로 실험에서 다섯 살짜리 아이가 자신이 좋아하는 마시멜로를 앞에 두고서도 15분 동안 먹고 싶은 욕구를 참고 뒤로 미룰 줄 아는 능력이 바로 참을성이다. 수업 시간에 짝꿍과 수다를 떨고 싶은 욕구를 쉬는 시간으로 미루고 수업에 집중할 줄 아는 것도 '참을성이 있다'라고 말할 수 있겠다.

참을성은 성실함과도 연결된다. 참을성과 성실함은 공부할 때 가장 중요한 품성 중 하나이다. 무엇인가를 이뤄낸 사람들 중에 참을성과 성실함이 없는 사람은 본 적이 없다. 사실 참을성과 성실함은 같은 말이다. 참을성이 없으면 성실함이 발현될 수 없으며, '성실하다'라는 말 속에는 '하기 싫은 일도 참고 할 줄 안다'라는 의미가 내포되어 있다.

당장 하고 싶은 것을 참고 뒤로 미루면서 지금 해야 하는 일에 최선을 다하는 참을성 있는 아이와 그렇지 않은 아이의 삶을 다를 수밖에 없다. 마시멜로 실험을 통해서 충분히 증명된 사실이다. 이쯤에서 마시멜로 실험에서 만족 지연 능력을 보여준 아이들의 비율도 주목해서 볼 필요가 있다. 마시멜로를 먹지 않고 기다렸던 아이들의 비율은 30%였다고 한다. 필자는 이 비율을 알고 나서 굉장히 놀라웠다. 학급의 아이들을 살펴보면 이 비율이 거의 들어맞기 때문이다. 신기하게도 수업 시간에 교사의 설명에 집중하는 아이들의 비율이나 과제를 제대로 수행해오는 아이들의 비율이 30% 정도 된다. 이 아이들은 대부분 참을성이 많다. 수업 시간에 집중도 잘하고, 과제의 완성도가 높으며, 교우 관계도 대체로 원만한 편이다.

참을성은
사람의 조건이다

점심시간에 2학년 남자아이 둘 사이에서 다툼이 벌어졌다. 대개 아이들 싸움이 그렇듯 발단은 아주 사소했다. 축구를 하던 도중 친구에게 패스하려고 한 공이 엉뚱한 곳으로 튀어버려 주먹다짐까지 오간 상황이었다. 두 아이를 불러서 자초지종을 물었다.

"자기한테 공을 패스하지 않는다고 친구한테 욕하는 사람이 어디에 있니?"

"지난번에 얘도 똑같이 그랬단 말이에요."

서로의 잘못을 인정하면 좋으련만, 두 아이 모두 변명으로 일관하며 상대방 잘못만 물고 늘어졌다.

"욕한 것은 그렇다 치자. 그렇다고 해서 친구한테 주먹질까지 하면 어떻게 하니?"

"엄마 아빠가 맞지만 말라고 했어요. 차라리 때리라고 했단 말이에
요."

순간 할 말을 잃어버렸다. 화를 참지 못하는 참을성 없는 아이 뒤에
는 부모의 잘못된 양육 태도가 숨겨져 있었다.

'참을성'이라는 단어가 학교 현장에서 점점 사라져가고 있다. 수업
시간에 단 1분도 차분하게 앉아 있지 못하는 아이들이 많아졌다. 친
구가 조금만 자기 마음에 들지 않게 말하거나 행동하면 소리 지르고
욕하기를 예사로 안다. 차례대로 줄을 서라고 하면 친구가 자기 앞에
서는 꼴을 참지 못하고 서로 밀치고 싸운다. 이와 같은 시절에 어른과
아이 모두 되새겼으면 하는 옛 선현의 말씀이 있다. 『명심보감』「계성
편」에 나오는, 공자와 그의 제자 자장子張의 대화가 바로 그것이다. 이
둘의 대화를 보고 있노라면, 공자가 '참음忍'을 얼마나 중요시했는지
를 알 수 있다. 공자는 참지 못하면 사람이 아니라고 강변했다.

자장이라는 제자가 공자께 하직 인사를 드리면서 삶의 지침이 될 만
한 한마디를 해줄 것을 청하자 공자께서 다음과 같이 말씀하셨다.

"모든 행실의 근본으로는 참는 것이 으뜸이다."

자장이 "참는 것이 무엇입니까?"라고 되묻자, 공자는 참는 것이 무엇
이라 답해주지 않고 참으면 어떻게 되는지를 말해준다.

"천자天子가 참으면 나라에 해가 없고, 제후諸侯가 참으면 큰 나라를 이

룬다. 관리가 참으면 그 지위가 올라가고, 형제가 참으면 집안이 부귀해진다. 부부가 참으면 일생을 해로할 수 있고, 친구끼리 참으면 우정이 사라지지 않는다. 자신이 참으면 재앙과 화가 없을 것이다."

이 말을 들은 자장이 이번에는 "그러면 참지 않으면 어떻게 됩니까?"라고 묻자 공자는 다음과 같이 말해준다.

"천자가 참지 않으면 나라가 황폐해지고, 제후가 참지 않으면 그 몸을 잃게 된다. 관리가 참지 않으면 형법에 의해 죽게 되고, 형제가 참지 않으면 각각 헤어져서 따로 살게 된다. 부부가 참지 않으면 자식들이 부모 없는 고아가 될 것이고, 친구가 서로 참지 않으면 정과 뜻이 서로 멀어진다. 자신이 참지 않으면 걱정 근심이 없어지지 않는다."

이 말을 다 들은 자장은 이렇게 푸념한다.

"참으로 좋고도 좋은 말씀이구나. 참는 것은 정말 어렵구나. 사람이 아니면 참지 못할 것이요, 참지 못하면 사람이 아니로구나."

참을성 있는
아이로 키우려면

자녀를 참을성 있는 아이로 키우고자 할 때, 부모들이 꼭 알아두어야 할 두 가지 사실이 있다.

먼저 참을성의 정체이다. 참을성의 대상은 식욕, 성욕, 수면욕, 소유

욕, 화, 게으름과 같은 인간의 나약한 본성과 관련된 욕구들이다. 이런 욕구들은 오늘 해결되었다고 해도 내일 다시 생긴다. 이런 욕구를 없애려고 하는 것은 어리석은 짓이다. 욕구는 없애야 할 대상이 아니라 다스려야 하는 대상이다. 욕구를 다스리는 것이 곧 참는 것이다. 참을성을 키워준다는 것은 욕구를 다스리는 능력을 키워준다는 말과 같다.

또 하나는 아이마다 참을성이라는 '감정 주머니'의 크기가 다르다는 사실이다. 인간은 태어날 때부터 인지력, 사회성, 운동 능력, 언어 능력, 창의성, 감정 등의 여러 개의 주머니를 가지고 태어난다. 그런데 사람마다 그 주머니의 크기가 다 다르다. 선천적으로 큰 주머니를 가지고 태어난 아이가 있는가 하면, 작은 주머니를 가지고 태어나는 아이도 있다. 예컨대 타고나길 운동 능력 주머니가 큰 아이는 운동신경이 뛰어나고 무슨 운동을 해도 잘한다. 하지만 타고나길 운동 능력 주머니가 작은 아이는 운동에 관한 한 젬병일 수밖에 없다.

감정 주머니도 이와 같다. 하지만 감정 주머니 중에서도 참을성 주머니는 타고난 주머니의 크기보다는 후천적인 훈련이나 교육에 의해 주머니의 크기가 커지기도 하고 작아지기도 한다. 선천적으로 급한 성격을 갖고 태어난 아이도 있지만, 후천적으로 부모가 인내와 절제를 제대로 가르치지 않았기 때문에 참을성이 부족한 아이들도 많다. 부모의 양육 태도에 따라 아이의 참을성은 얼마든지 좋아질 수 있다.

부모와의 애착 관계 점검하기

소란하거나 산만한 아이에게 부모가 무섭게 화를 내거나 다그치면 아이는 일시적으로 조용해진다. 하지만 이런 현상은 그 순간 아이에게 참을성이 생겼기 때문이 아니다. 아이는 순간을 모면하기 위해 잠시 참는 척한 것뿐이다. 그런데 부모가 아이에게 자주 화를 내거나 무섭게 대하면 필연적으로 자녀와의 관계가 좋을 수 없다. 이런 경우 아이들은 부모와의 애착 형성에 문제가 생기기 마련이다. 부모와의 애착 관계가 잘 형성된 아이들은 부모를 신뢰하기 때문에 부모의 훈육에 대해 '부모님이 하지 말라고 하시니까 하지 말아야지'와 같이 긍정적이고 수용적인 태도를 가진다. 부모에 대한 긍정적인 인상이 있는 아이는 참을성도 쉽게 기를 수 있다. 아이의 참을성이 지나치게 부족하다면 부모와 애착 관계가 잘 형성되었는지 점검이 필요하다.

일상생활에서 참을성 키워주기

반복되는 일상생활 속에서 몇 가지 원칙을 정하고 지켜나가면 아이의 참을성을 키워주는 데 많은 도움이 된다. '식사할 때 부모님보다 먼저 수저 들지 않기' 같은 원칙을 예로 들 수 있겠다. 아이가 식탁에 앉아 부모가 수저를 들 때까지 기다리는 시간은 짧게는 몇 초부터 길게는 몇 분이 될 수 있다. 이 시간을 참는 일은 아이들 입장에서 여간 어려운 일이 아닐 것이다. 사람의 식욕만큼 제어하기 힘든 욕구도 없기 때문이다. 더구나 식탁에 아이가 좋아하는 반찬이라도 올라온 날이면 그 고통은 더할 것이다. 식사할 때마다 마시멜로 실험을 하는 셈인데, 이런 식으로 일상에서 만족 지연하는 훈련을 하다 보면 아이의 참을성을 길러줄 수 있다.

'기다려야 한다는 것'을 가르치기

엄마가 동생을 돌보고 있는데 아이가 당장 간식을 달라고 조르면 어떻게 해야 할까? "○○야, 5분만 기다려줘. 엄마가 동생 챙기고 바로 간식 챙겨줄게"라고 말하면 된다. 물론 참을성이 없는 아이는 엄마가 그렇게 말했음에도 불구하고 계속 보챌 수 있다. 이때 엄마가 화를 내서는 안 된다. 화를 내거나 "알았어, 알았어" 하면서 아이의 요구를 바로 들어줘 버릇하면 아이의 머릿속에서는 '아, 보채면 엄마가 내 요구를 들어주는구나' 하는 생각만 더욱 강화된다. 이럴 때 가장 좋은 방법은, 화나는 감정은 최대한 자제하고 아이에게 이야기했던 대로 5분간은 무심하게 대응하는 것이다. 그러다가 5분이 지나면 아이에게 약속한 대로 간식을 챙겨주면서 "○○야, 그동안 엄마를 잘 기다려줘서 고마워"라고 말하며 참을성 있게 기다려준 아이를 칭찬하고 격려하면 된다. 이런 식의 훈련이 반복되면 아이가 어느 순간 엄마의 기다리라는 말을 기꺼이 수용하는 아이로 성장한 모습을 발견할 수 있게 될 것이다.

09

도덕성의 법칙
빠름이 아니라
바름이 경쟁력이다

'인간이 지켜야 할 도리나 바람직한 행동 규범'을 우리는 흔히 '도덕'이라고 말한다. 문제는 우리 경제가 발전할수록 도덕성이 높아지는 것이 아니라 오히려 떨어진다는 사실이다. 반부패운동단체인 국제투명성기구가 발표한 2018년 국가별 부패 인식 지수를 보면 우리나라는 전체 조사 대상 180개국 가운데 45위를 차지했다. 2017년에는 51위였다. 선진국으로 인정되는 경제협력개발기구 가입 국가로만 한정해서 따지면 36개국 중 30위를 기록했다. 우리나라의 경제력이나 국력을 생각할 때, 도덕성은 상당히 하위권에 머물러 있는 것이다. 참고로 부패 인식 지수 1위는 덴마크, 2위는 뉴질랜드, 3위는 핀란드이고 그 뒤로는 싱가포르와 스웨덴 등이 순위를 잇고 있다.

오늘날 우리나라가 겪는 위기는 경제의 위기라기보다 도덕의 위기라고 봐야 맞지 않을까 싶다. 가치나 도덕이 바로 서지 않으면 경제가 발전한다고 해도 하루아침에 주저앉을 위험이 있다. 한 국가의 경제 성장은 단기간에 이룰 수 있지만, 도덕성은 하루아침에 키워지지 않는다. 개인도 마찬가지이다. 아이가 어릴 때부터 부모가 바른 원칙을 가지고 끊임없이 가르쳐야만 도덕성이 제대로 형성될 수 있다.

빠름이 아니라
바름이 경쟁력이다

아이의 도덕성을 판단하는 지수로 '도덕 지수'가 있다. 도덕 지수는 흔히 'MQ^Moral Quotient'라고 부르는데, 우리가 익숙하게 알고 있는 지능지수와는 조금 다른 개념이다. 지능지수가 머리의 좋고 나쁨 정도를 수치화한 것이라면, 도덕 지수는 옳고 그름을 판단하고 자신의 윤리적 가치에 따라 행동할 수 있는 능력을 수치화한 것이다.

도덕 지수는 미국 하버드대 교수이자 아동심리학자인 로버트 콜스 Robert Coles 교수가 주창한 개념으로 최근 수많은 학자들의 지지와 호응을 얻고 있는 개념이다. 콜스 교수는 하버드대를 졸업한 사람들을 60년간 추적 조사했는데, 그 결과 학교 성적과 성공은 아무런 관련이 없다는 결론에 이르렀다고 한다. 즉, 지능지수와 성공은 아무 상관이 없다는 것이다. 오히려 성공한 사람들은 유머가 풍부하고, 타인에 대한 배려심이 깊고 친절하며, 옳고 그름을 잘 판단하는 등 도덕성이 높은 경향이 컸다고 한다.

학교 현장에서 수많은 아이들을 만나온 필자는 콜스 교수의 주장에 전적으로 동의한다. 실제로 도덕성이 높은 아이들은 높은 학업 성취도를 보일 뿐만 아니라 친구들 사이에서도 인기가 많다. 도덕성이 높다는 것은 부모나 교사가 제시한 규칙을 단순히 잘 지키는 것을 의미하지 않는다. 도덕성이 높다는 것은 스스로 옳고 그름을 판단할 줄 알고, 그 판단에 따라 주도적으로 행동할 줄 안다는 말과 같다.

도덕성을 기준으로 아이들을 크게 세 부류로 나눌 수 있다. 첫 번째는 부모나 교사의 정당한 지시조차 따르지 않는 아이들이다. 두 번째로는 부모나 교사의 지시대로만 움직이는 아이들이다. 마지막으로 자신의 판단에 따라 자율적이고 주도적으로 행동하는 아이들이다. 이중 첫 번째와 마지막 그룹의 아이들은 자기 뜻대로 행동한다는 측면에서는 동일하다. 차이점이 있다면 행동의 결과가 타인에게 미치는 영향이다. 첫 번째 그룹의 아이들은 자신의 말과 행동으로 많은 사람에게 피해를 끼친다. 그러나 마지막 그룹의 아이들은 다른 사람들에게 선한 영향력을 끼친다.

도덕성이 높은 그룹의 아이들은 행동이 바르다. 스스로의 판단에 따라 주도적으로 행동하기 때문에 부모나 교사의 지시대로만 움직이는 아이들에게서 느낄 수 있는 답답함을 찾아보기 힘들다. 이 아이들은 다른 사람의 생각을 수용하고 이해하는 능력이 높기 때문에, 배려심이 뛰어난 아이들로 비춰진다. 또한 스스로의 감정을 조절하는 능력도 뛰어나기 때문에 쉽게 화를 내지 않는다. 그렇다 보니 도덕성이 높은 아이들 주변으로 친구들이 모여들게 된다. 도덕성이 높은 아이들의 경쟁력이 뛰어날 수밖에 없다. 우리는 흔히 다가오는 4차 산업 혁명 시대의 경쟁력을 '빠름'이라고 생각하는데, 속도보다 중요한 것은 '바름'이다. 미래 사회에서는 도덕성이 경쟁력이다.

학년별 도덕성의 특성

규칙의 내면화가 필요한 1, 2학년

1학년은 '규칙의 내면화'가 중요한 학년이다. 규칙의 내면화란 규칙을 즐겁게 받아들이고 자신의 것으로 만드는 과정을 가리킨다. 저학년 아이들은 규칙을 지켜야 하는 이유를 제대로 알고 지킨다기보다는 선생님이 지키라고 하니까 맹목적으로 따르는 경우가 대부분이다. 이 시기 아이들은 교사의 말을 절대적으로 따른다.

그런 까닭에 저학년 교실에서는 가끔 황당한 일이 벌어지기도 한다. 1학년 아이들을 지도할 때의 일이다. 한번은 점심시간에 밥을 먹으면서 장난이 심한 남자아이가 눈에 띄길래 잠시 복도에 서 있으라고 지시한 적이 있었다. 그런데 그 아이가 점심시간이 끝날 때까지 서 있는 것이었다. 왜 그렇게 오랫동안 서 있냐고 물으니 선생님이 자리에 와서 앉으라는 말을 안 하셔서 그랬다고 이야기를 했던 기억이 난다.

물론 모든 아이가 교사의 말을 전부 따르는 것은 아니다. 교사가 무슨 말을 하더라도 듣지 않는 아이들이 있다. 이런 아이들을 잘 살펴보면 부모와 사이가 나쁘거나, 충동 조절력이 떨어지는 경우가 많다. 초등학생들 입장에서 지켜야 하는 대부분의 규칙은 교사나 부모가 만든 것이다. 가정에서 부모와 사이가 좋지 않은 아이들은 윗사람들이 만든 규칙을 거부한다. 이런 아이들을 규칙을 잘 지키는 아이로 만들기 위해서는 그 원인을 제대로 발견해서 없애주도록 노력해야 한다.

자기 나름의 도덕성을 세워가는 3, 4학년

저학년 아이들이 규칙을 왜 지켜야 하는지도 모르고 부모나 교사가 시키는 대로 지켰다면, 중학년 아이들은 "왜요?"라며 토를 달기 시작한다. 하지만 이 시기의 아이들이 토를 다는 행동은 시시비비를 가리거나 논리적으로 따지고 들려는 의도가 있다기보다는 자신이 더 이상 어린아이가 아니라는 사실을 어른들에게 항변하기 위한 태도라고 보는 편이 맞다.

이를테면 저학년 아이들은 교사가 교실에 떨어진 휴지를 줍자고 말하면 너나없이 신나게 휴지를 줍곤 한다. 그 모습이 얼마나 예쁜지 모른다. 그런데 3, 4학년쯤 되면 꼭 이렇게 대꾸한다. "선생님, 제가 안 버렸는데요?" 아이들이 이렇게 말하면 교사도 사람인지라 꿀밤을 한 대 때려주고 싶은 심정도 든다. 하지만 참고 이해해줘야 한다. 아이 딴에는 자기가 버리지도 않은 휴지를 왜 주워야 하느냐고 나름의 항변을 하고 있는 중이기 때문이다.

교사나 부모의 말에 토를 달기 시작했다는 것은 그만큼 자기 생각이나 주장이 생겼다는 방증이기도 하다. 아이가 그만큼 성장했다는 신호이다. 그런데 아이가 조금만 반항적인 태도로 나오면 발끈하는 부모들이 있다. 하지만 부모의 이러한 태도는 아이의 반항심을 더욱 키울 뿐이다. 그뿐만 아니라 아이가 부모 앞에서는 입을 닫아버리는 원인이 되기도 한다. 이 시기에는 아이의 말에 공감해주는 태도가 절대적으로 필요하다.

성숙한 인격체로 대접받고 싶은 5, 6학년

초등학교 고학년 무렵이 되면 아이들은 어린이 티를 벗고 바야흐로 청소년기로 진입한다. 이 시기는 피아제의 발달 단계 이론에 따르면 구체적 조작기에서 형식적 조작기로 넘어가는 시기로, 신체적 성장뿐만 아니라 논리력과 사고력도 급속도로 발달한다. 초등학교 저학년을 가르치다가 고학년 아이들을 가르치면 '말이 통하다'의 참뜻을 온몸으로 실감한다.

그러나 이 시기 아이들은 감정의 기복도 심하고, 자아정체성도 분명치 않다. 이 시기의 아이들은 어른들에게 자신을 어린이로 취급하지 말아줄 것을 요구하다가도, 상황이 불리할 때에는 자신이 아직 어린이라고 주장하곤 한다. 또한 절대적으로 자신들의 가치판단에 부합하는 규칙만 지킨다. 그렇지 않다고 여겨지는 규칙은 지키지 않아도 된다고 생각한다. 그렇기 때문에 이 시기 아이들에게는 규칙의 당위성을 이해시키는 일이 매우 중요하다. 일방적인 지시나 수직적인 대화는 이 시기 아이들에게 통하지 않는다. 아이를 성숙한 인격체로 대접해주고 아이가 주장하는 의견도 잘 경청해주는 수평적인 태도가 절실한 때이다.

아이에게 해서는 안 되는 일을 명확하게 가르쳐라

우리가 지켜야 하는 도덕과 규칙에는 허용보다 금지가 더 많다. 성경의 십계명만 봐도 알 수 있다. '우상숭배하지 말라', '살인하지 말라', '도적질하지 말라', '간음하지 말라', '거짓말하지 말라', '탐내지 말라' 등 10가지 계명 중 8개가 금지의 계명이다. 허용의 계명은 '안식일을 지켜라', '네 부모를 공경하라' 딱 2개에 불과하다.

어떤 부모들은 아이에게 '해서는 안 되는 일'을 가르치는 것이 아이를 억압하는 행동이라고 생각한다. 하지만 이런 생각은 자칫 아이를 방종하게 만들 우려가 있다. 해서는 안 되는 일을 정확하게 가르치는 것은 아이에게 안전한 울타리를 만들어주는 일과 같다. 또한 어려서부터 부모가 해서는 안 되는 일과 해야 할 일을 명확히 가르쳐주고 그 경계를 제대로 익히는 훈련을 받은 아이들은 성장하는 과정에서 자연스럽게 분별의 지혜를 갖게 된다.

이를테면 어려서부터 '거짓말을 하면 안 된다'라는 가르침을 부모로부터 분명하고 확실하게 배운 아이는 거짓말에 대한 자신만의 분명한 태도를 갖게 된다. 이런 아이는 살아가면서 거짓말로 상황을 모면하고자 하는 유혹이 생기더라도, 자신의 가치판단 기준에 따라 거짓말을 하지 않기 위해 부단히 애쓸 것이다. 반면에 그렇지 못한 아이는 거짓말이 나쁘다는 사실은 어렴풋이 알고 있더라도, '어떤 상황에서도 거짓말은 하지 않아야 한다'라는 규칙을 내면화하지 못했기 때문에 상황에 따라서 언제든지 거짓말을 쉽게 하는 사람이 될 가능성이 크다.

착하게 살라고
가르쳐라

6학년 아이들을 가르칠 때의 일이다. 한 여자아이에게 "○○는 참 착하기도 하구나"라며 칭찬을 해주었다. 그랬더니 아이가 이렇게 반문했다. "선생님, 제가 찌질하다는 말씀이신가요?" 아이의 예상치 못한 반응에 나는 말끝을 흐리며 이렇게 다시 이야기를 건넸다. "아니… 네가 착해서 착하다고 칭찬한 건데…" 아이도 선생님이 그런 뜻으로 이야기한 줄은 몰랐다는 표정으로 겸연쩍은 웃음을 지으며 말끝을 흐렸다. "아… 저는 '착하다'라는 말이 왠지 칭찬으로 안 들려서요…"

요즘 애들 사이에서 '착하다'라는 말은 더 이상 칭찬이 아니다. 하지만 선善의 가치는 예나 지금이나 영원하다. 다만 예전 사람들은 그 귀한 가치를 알아준 반면, 요즘 사람들은 그 가치를 간과할 뿐이라고 생각한다.

『맹자』「고자편」에는 이와 관련한 흥미로운 에피소드가 등장한다. 노나라에서 맹자의 제자인 악정자樂正子에게 관직을 맡기려 한다는 소식을 듣자, 맹자는 진심으로 기뻐한다. 이를 두고 제자 공손추가 맹자와 나눈 대화 내용이다.

맹자:　나는 그 말을 듣고 잠을 잘 수가 없었네.

공손추: 악정자가 결단력이 있습니까?

맹자:　아니다.

공손추: 그렇다면 지식과 사고가 깊습니까?

맹자:　아니다.

공손추: 그렇다면 무엇 때문에 기뻐서 잠을 못 이루었습니까?

맹자:　그의 사람됨이 선을 좋아하기 때문이다.

공손추: 선을 좋아하는 것으로 충분합니까?

맹자:　선을 좋아하면 천하를 다스리기도 충분한데, 노나라쯤이야

말해서 무엇 하겠느냐?

맹자는 선을 사랑하는 사람이라면 천하를 다스리기에도 충분하다고 이야기하며 '착함'의 가치를 역설했다. 인간이라면 누구나 선한 사람을 좋아한다. 우리의 눈이 아름다운 광경을 좋아하고, 우리의 코가 향기로운 냄새를 좋아하고, 우리의 귀가 아름다운 소리를 듣기 좋아하듯이, 사람의 마음은 선한 사람에게 기우는 것이 세상의 이치이다.

요즘 아이들은 착하게 살면 자기만 손해 본다는 말을 종종 한다. 어디 아이들뿐이랴. 어른들도 착하게 살아야 좋을 것이 하나도 없다는 말을 습관처럼 한다. 각자도생, 무한 경쟁의 세태가 사람들의 마음을 각박하게 만들어버린 것은 아닌가 싶다. 하지만 그럴 때일수록『명심보감』맨 처음에 등장하는 공자의 말을 되새기며 선하게 사는 삶의 가치에 대해 생각해보는 것은 어떨까?

爲善者 天報之以福 爲不善者 天報之以禍
위선자 천보지이복 위불선자 천보지이화
→ 착한 일을 하는 사람에게는 하늘이 복을 내리고, 나쁜 일을 하는
   사람에게는 하늘이 재앙을 내린다.

우리 아이가 복 받은 인생을 살기를 바란다면, 세상에 선한 영향력을 끼칠 수 있는 사람으로 키워내야 할 것이다.

언어의 온도가
인격의 온도이다

아이들을 지도하면서 말의 중요성을 깨우쳐주기 위해 '욕 화분, 칭찬 화분 실험'을 하곤 한다. 거창한 실험은 아니고 두 개의 화분에 똑같은 식물을 심은 다음, 하나는 '욕 화분'이라 써놓은 뒤 욕만 해대고, 다른 화분에는 '칭찬 화분'이라 써놓고 칭찬만 해주는 실험이다. 이 실험의 목적은 아이들에게 말 한마디의 중요성을 일깨워주고, 욕이 얼마나 나쁜 말인지를 눈으로 보여주기 위함이다. 처음에 아이들은 말을 다르게 한다고 해서 귀도 없는 식물의 성장에 차이가 날까 싶어 교사에게 의심의 눈초리를 보낸다.

그런데 열흘 정도의 시간이 지나면 이상한 일이 벌어지기 시작한다. 칭찬 화분의 식물은 아무 문제없이 잘 자라지만, 욕 화분의 식물은 점점 시들기 시작하는 것이다. 한 달 정도 지나면 누가 보더라도 칭찬 화분과 욕 화분의 차이가 극명하게 나타난다. 어느 해인가는 욕 화분이 말라 죽어버린 일도 있었다. 이런 결과를 보면서 아이들은 깜짝 놀란다. 어떤 아이들은 듣지도 못하는 식물이 사람 말을 알아듣는다는 사실에 놀라움을 금치 못했다.

사람의 말에는
엄청난 능력이 있다

옛 속담에 '말이 씨가 된다'라는 말이 있다. 내뱉은 대로 이루어진다는 말이다. 인생을 살아갈수록 이 말이 빈말이 아님을 깨닫는 순간들이 많다. 구약성경의 『창세기』를 읽을 때에도 사람의 말에는 힘이 있음을 새삼 깨닫는다.

> 하느님께서 말씀하시기를 "빛이 있으라" 하시니 빛이 생겼습니다.
> – 『창세기』 1장 3절
> 하느님께서 말씀하시기를 "하늘 아래의 물은 한곳에 모이고 뭍이 드러나라" 하시니 그대로 되었습니다. – 『창세기』 1장 9절

『창세기』에는 하느님이 천지창조를 한 과정이 담겨 있다. 재미있

는 점은 성경에서 하느님이 우주 만물과 천지를 만들 때 '말'로써 창조했다는 점이다. 하느님이 입으로 명하는 순간, 이전까지 세상에 없던 빛, 하늘, 땅, 식물, 동물들이 창조되었다. 하느님은 마지막으로 인간을 만들었다. 다만, 인간은 다른 사물들과는 다른 방법으로 만들어졌다. 성경에 따르면 하느님이 인간을 만들 때, 하느님의 형상을 따라 창조했다고 기록되어 있다.

> 하느님께서 사람을 그분의 형상대로 창조하시니, 곧 하느님의 형상대로 사람을 창조하시되 하느님께서 그들을 남자와 여자로 창조하셨습니다.
> — 『창세기』 1장 27절

이 구절에는 '말의 힘'에 대해 시사하는 바가 담겨 있다. 성경에 근거하면 사람은 하느님의 형상에 따라 만들어졌기 때문에, 사람의 말에는 하느님의 말처럼 창조의 능력이 있다고 봐도 어색하지 않다. 말을 내뱉는 순간, 이전에는 없던 존재들이 말처럼 생길 만큼 말이다.

절대 하지 말아야 할 말

요즘 아이들은 욕을 너무 많이 한다. 욕을 섞지 않으면 대화 자체가 안 되는 아이들도 많다. 심지어 자신이 욕을 내뱉고 있는 줄도 모르거나, 욕을 잘하는 것을 오히려 자랑스러워하는 아이들도 있다. 아이들에게 왜 그렇게 욕을 하냐고 물으면 '기분이 나빠서'라고 대답한다. 기분 나쁠 때마다 욕을 한다면 도대체 하루에 욕을 얼마나 해야 하는 것일까? 감정을 의미하는 영어 단어 'Emotion'의 어원은 '움직이다'라는 뜻의 라틴어 'Movere'에서 왔다고 한다. 감정의 어원에서도 알 수 있듯이 감정이란 멈춰 있지 않고 매 순간 움직이고 변화한다. 기분 나빠서 욕을 한다는 말이 정당화될 수 없는 이유이다.

6학년 아이들을 가르칠 때의 일이다. 쉬는 시간에 서너 명의 남자아이들이 둘러앉아 누가 더 다양한 욕을 길게 이어서 말할 수 있는지 내기하는 모습을 본 적이 있다. 필자는 이미 거기에서부터 기가 막혔는데, 더 기가 막히는 장면이 이어졌다. 그 남자아이들을 지켜보던 한 여자아이가 남자아이들이 내기하는 모습이 답답해 보였는지 "내가 한번 해볼게" 하며 속사포처럼 욕을 쏟아내기 시작했다. 듣도 보도 못한 욕 수십 개를 퍼붓는 모습을 보고 주위의 아이들은 엄지손가락을 추켜올리며 이렇게 말했다. "와! 너 지존이다!"

사람은 마음에 가득한 것을 입으로 내뱉기 마련이다. 욕을 하는 사람의 마음에는 무엇이 가득 들어 있을까? 온갖 부정적인 생각들로 가득하리라. 사람은 천성적으로 더럽고 부정적인 것을 싫어하기 마련이다. 더러운 욕을 쓰는 사람이 일시적으로 친구들에게 인기를 끌지는 모르겠으나, 오래도록 사람들 마음에 남는 사람은 깨끗하고 품격 있으며 정제된 말을 사용하는 사람이다.

맹자가 말하기를 "사람들이 말을 함부로 하는 것은 책임을 지지 않기 때문이다"라고 했다. 사람들이 내뱉는 말 중에서 가장 무책임한 말은 욕이라고 생각한다. 본인은 아무 생각 없이 내뱉을지 모르지만 그 욕에 의해 누군가는 상처받는다는 사실을 반드시 기억해야 한다. 특히 부모가 자녀에게 욕을 던지는 것은 절대 해서는 안 될 일이다.

꼭 해야
하는 말

하지 말아야 할 말을 하지 않는 것도 말하기의 지혜이지만, 꼭 해야 하는 말을 제때 하는 것도 말하기의 지혜이다. 하지 말아야 할 말을 하고 나면 후회가 밀려오고, 꼭 해야 할 말을 하지 않으면 미련이 남는다. 아이를 '감사합니다', '미안합니다', '사랑합니다' 이 세 마디를 제대로 할 줄 아는 아이로 키운 부모라면 자식 교육을 제대로 시킨 부모가 아닐까 싶다.

감사합니다

어떤 아이들은 '감사합니다'라는 말을 입에 달고 산다. 연필을 주워주면 연필을 주워줬다고 감사해하고, 칭찬해주면 칭찬해줬다고 감사해한다. 반대로 어떤 아이들은 아무리 잘 해줘도 감사하다는 말 한마디를 하지 않는다. 교사로서의 의무감만 아니라면 아무것도 해주고 싶지 않은 얄미운 아이들이다. 감사는 조건이 아니라 해석이고 습관이다. 감사하다 보면 계속 감사한 일이 생기기 마련이다. 감사는 인생의 어떠한 순간에도 행복을 느끼게 해준다.

미안합니다

필자는 한 달에 한 번씩 학급 아이들과 함께 '애플 데이' 행사를 진행한다. 자신이 사과해야 할 친구에게 사과와 사과 편지를 써서 건네는 날이다. 사과는 '자신의 잘못을 인정하고 용서를 비는 행위'이다. 절대 아무나 할 수 있는 행동이 아니다. 용기 있는 자만이 할 수 있고, 훈련된 사람만이 할 수 있다. 먹는 사과는 당도가 중요하지만, 말로 하는 사과는 순도가 중요하다. 사과에는 진심이 담겨야 한다. 부모도 자녀에게 잘못을 했다면 꼭 사과를 해야 한다.

사랑합니다

살면서 타인에게 사랑받고 사랑하는 것만큼 사람을 행복하게 만들어주는 일은 없을 것이다. '인생에 있어서 최고의 행복은 우리가 사랑받고 있다는 확신이다'라는 빅토르 위고Victor Hugo의 말을 언급하지 않더라도, 사랑만큼 우리를 행복하게 만드는 감정이 없음을 우리는 경험으로 이미 모두 알고 있다. 우리말에서 '사랑하다'의 옛 형태는 '괴다', '고이다'인데, 이 말들의 본래 뜻은 '생각하다'라고 한다. 즉, 사랑한다는 것은 누군가를 끊임없이 생각하는 일이자 누군가가 계속 생각이 나는 일임을 의미한다. 자녀들이 부모에게서 가장 듣고 싶어 하는 말도 바로 '사랑한다'라는 말이라고 한다. 부모가 이 말을 충분히 해주지 않으면 아이들은 사랑을 갈구하는 사람으로 성장하게 될 뿐만 아니라 다른 사람을 충분히 사랑해줄 수 없는 사람이 되고 만다.

유머는 부모가 갖춰야 할 미덕이다

"선생님, 세종대왕이 만든 우유가 무슨 우유인지 아세요?"

한 남자아이가 장난스러운 표정을 지으면서 물었다. 필자가 머뭇거리면서 대답을 못하자 아이는 이내 큰 소리로 이야기했다.

"아야어여오요우유."

그러고는 한참을 깔깔댔다. 주변에 있던 아이들도 모두 깔깔거리며 웃는다. 아이들만의 유머이다. 아이들은 틈만 나면 이런 유치한 유머를 구사하면서 웃을 줄 아는 재미있는 존재들이다. 그런데 아이들 얼굴에서 웃음이 점점 사라지고 있다. 아이들의 삶에서 여유가 사라지고 있기 때문이다.

유머는 단순한 타인을 웃기는 기술이 아니다. 프랑스의 가톨릭 사제이자 고생물학자인 피에르 테야르 드 샤르댕^{Pierre Teilhard de Chardin}에 따르면 '유머는 웃기는 기술이나 농담만을 의미하지 않는다. 유머는 한 사람의 세계관의 문제'이다. 유머를 구사할 줄 안다는 것은 그 사람의 세계관이 세상을 재미있고 여유 있게 살아가겠다는 방향으로 설정되었음을 알려준다.

유머를 잘 구사하는 사람들은 세상을 바라보는 자신만의 독특한 관점을 가지고 있을 뿐만 아니라, 의미를 변주하여 표현하는 언어의 연금술이 대단하다. 게다가 상상력과 연기력을 갖추고 있으며 엉뚱한 일을 감행하는 배짱이나 넉살도 두둑하다. 무엇보다 어떤 상황에서건 농담으로 되받아칠 수 있는 여유가 있다.

유머는 여유에서 비롯된다. 부모가 먼저 여유 있고 유머 넘치는 태도로 아이를 대하면 아이도 그런 인생을 살아갈 수 있을 것이다. 아이는 부모의 말대로 살아가지 않는다. 아이는 부모가 보여준 태도대로 살아가는 존재이다.

비폭력 대화를 하자

우리 내면의 상처들은 대부분 말에 의한 상처들이다. 어떤 말들은 면 도날보다도 날카로워서 한번 베이면 말할 수 없는 쓰라림과 고통을 불러일으킨다. 그리고 그 상처는 좀처럼 치유되지 않고 어떤 경우 평생 남기도 한다. 하지만 어떤 말들은 봄바람보다 따뜻하여 얼음장 같은 마음을 녹여준다. 이런 말을 들으면 말할 수 없는 위로와 따스함이 밀려온다. 이처럼 말은 창문이 될 수도 있고, 벽이 될 수도 있다. 말은 우리를 구속하기도 하고 자유롭게 풀어주기도 한다.

우리가 일상에서 쓰는 말은 크게 폭력적인 말과 비폭력적인 말로 나뉜다. 공격적인 말, 명령하는 말, 비난하는 말, 비교하는 말, 부정적인 말 등은 폭력적인 말이라 할 수 있다. 반면 존중하는 말, 부탁하는 말, 칭찬하는 말, 인정하는 말, 긍정적인 말 등은 비폭력적인 말이라 할 수 있다. 폭력적인 말은 듣는 이에게 상처를 준다.

비폭력 대화는 우리 마음 안의 부정적이고 폭력적인 말들을 가라앉히고 우리의 본성인 연민이 우러나는 방식으로 대화하는 것이다. 참기 힘든 상황에서도 인간성을 유지하면서 대화할 수 있는 방법이기도 하다. 몇 가지 상황을 통해 폭력적인 대화와 비폭력적인 대화의 차이를 느껴보자.

폭력적인 대화 vs 비폭력적인 대화

상황	폭력적인 대화	비폭력적인 대화
아이가 핸드폰으로 게임을 몇 시간째 하고 있을 때	엄마가 게임 그만하라고 몇 번을 말했니? 당장 그만두지 못해?	게임을 2시간째 하고 있네. 엄마가 화가 나는구나. 그만하고 숙제를 먼저 하면 좋겠다.
아이의 공부방이 정리되지 않고 난장판일 때	이게 방이니? 돼지우리니? 당장 치워.	방이 많이 지저분하구나. 방이 지저분하니 엄마가 정신이 없다. 방을 치우면 훨씬 기분이 좋아질 것 같구나.
아이가 깨워도 일어나지 않고 늦잠을 잘 때	빨리 일어나. 게을러 터져지고. 이렇게 게을러서 무슨 일을 할 수 있겠니?	아침 10시인데 아직 안 일어났네. 엄마가 조바심이 드는구나. 너랑 같이 아침밥을 먹고 싶은데 지금 일어나줄 수 있겠니?

　폭력적인 대화는 공격적이고 명령조이며 상대방을 정죄하는 말들로 이루어져 있다는 사실을 알 수 있다. 폭력적인 대화를 자주 하는 부모들은 아이에게 좋은 말로 말하면 듣지 않는다고 항변하며 좀 더 세고 자극적인 어휘들을 동원해서 대화를 끌어간다. 하지만 이런 폭력적인 말들을 사용한다고 해서 아이가 말을 더 잘 듣는 것은 절대 아니라는 사실을 우리는 경험으로 잘 알고 있다. 오히려 아이에게 씻을 수 없는 상처를 주고 자존감만 낮춰버릴 뿐만 아니라 부모와의 관계만 소원하게 만들 뿐이다.

　이에 반해 비폭력적인 대화는 똑같은 내용을 전하면서도 상대를 정죄하거나 평가하지 않는다. 그러나 전하려고 하는 메시지는 분명하게 전달한다. 자녀와 이야기를 나눌 때 비폭력적인 대화를 사용하면 아이와의 말다툼이 현격히 줄고 아이가 부모로부터 존중받고 있다는 생각이 들어 자존감이 올라간다. 무엇보다 비폭력 대화를 나누다 보면 대화가 풍성해지고 관계가 친밀해진다.

자녀와 비폭력적인 대화를 나누기 위해서는 비폭력 대화의 4가지 요소를 알고 이 요소들을 넣어서 말하면 된다. 처음에는 어색할 수 있지만 습관이 되면 그 효용을 실감할 것이다.

첫째는 관찰이다. 어떤 상황이 벌어지고 있는지를 그대로 관찰하는 것이다. 이 단계에서 중요한 것은 판단이나 평가를 내리지 않으면서도 상황을 구체적이고 명확하게 말하는 것이다. 예컨대 널브러져 있는 아이의 방을 봤을 때, "이게 방이니? 돼지우리니?"와 같이 판단이나 평가가 섞인 말을 하는 것이 아니라, "방이 많이 지저분하구나"와 같이 관찰한 결과를 최대한 중립적으로 말한다.

둘째는 느낌이다. 아이의 행동을 관찰하면서 자신이 어떻게 느끼는지를 말한다. 기쁘다든지 슬프다든지 짜증이 난다든지 하는 자신의 느낌을 그대로 표현하는 것이다. 예컨대 널브러진 아이의 방을 보면서 엄마가 느끼는 감정을 "지저분한 네 방을 보니 엄마가 정신이 하나도 없고 짜증이 나는구나" 하고 솔직히 말하면 된다.

셋째는 욕구이다. 자신의 느낌에서 비롯되는 욕구를 말한다. 지저분한 아이의 방을 보고 짜증이 나면 아이가 방을 치웠으면 하는 욕구가 생긴다. 이 욕구를 "빨리 치우지 못해"와 같이 명령조로 말하는 것이 아니라 부탁조로 말하는 것이 중요하다.

마지막 넷째는 부탁이다. 상대방이 해주길 바라는 행동을 부탁하는 것이다. 아이가 방을 치웠으면 한다면 "빨리 치우지 않을래?", "방을 치우면 좋겠구나"와 같이 부탁조로 말하면 된다.

비폭력 대화 4가지 요소로 말하기

- 상황: 아이가 핸드폰으로 게임을 몇 시간째 하고 있을 때
- 관찰: 게임을 2시간째 하고 있네.
- 느낌: 엄마가 화가 나는구나.
- 욕구/부탁: 그만하고 숙제를 먼저 하면 좋겠다.

- 상황: 아이의 공부방이 정리되지 않고 난장판일 때
- 관찰: 방이 많이 지저분하구나.
- 느낌: 방이 지저분하니 엄마가 정신이 없다.
- 욕구/부탁: 방을 치우면 훨씬 기분이 좋아질 것 같구나.

- 상황: 아이가 깨워도 일어나지 않고 늦잠을 잘 때
- 관찰: 아침 10시인데 아직 안 일어났네.
- 느낌: 엄마가 조바심이 드는구나.
- 욕구/부탁: 너랑 같이 아침밥을 먹고 싶은데 지금 일어나줄 수 있겠니?

칭찬의 법칙

아이는 칭찬할수록
귀해진다

초등학교 4학년 아이들에게 부모님께 하고 싶은 말을 편지로 써보라고 했더니 한 여자아이가 다음과 같은 글을 썼다.

엄마는 내가 "난 평균이야! 꼴찌는 아니야!"라고 말하면 언제나 한결같이 "평균이 꼴찌지 뭐야?"라고 말씀하신다. 그럼 난 속으로 '평균은 대부분의 아이들이 맞는 점수라는데, 그럼 우리 반 아이들은 다 꼴찌겠네!'라고 생각한다. 난 엄마가 제발 그러지 않았으면 좋겠다. 점수가 좋아도 엄마는 이렇게 말씀하신다. "우연일 뿐이야." 수학경시대회에서 최우수상을 타도 "어쩌다 한 번?"이라고 말씀하신다. 점수를 좋게 맞아도 시큰둥, 점수를 나쁘게 맞아도 시큰둥, 도대체 나보고 어떻게 하란 말인가? 엄마! 제발 기분이 좋으면 "잘했다" 하면서 웃어주시면 안 돼요? 맨날 "우연히" 그런 말만 하지 마시구요. 네? 그래도 잊지 마세요. 전 항상 엄마를 사랑해요.

부모에게 칭찬받고 싶은 아이의 마음이 적나라하게 표현된 편지라는 생각이 든다. 이 편지를 쓴 아이는 공부도 꽤 잘했을 뿐만 아니라 춤도 잘 추는 등 다재다능한 아이였다. 하지만 부모가 아이의 성적에 만족하지 못했기 때문에 칭찬은 언제나 뒷전이었다. 부모가 제대로만 칭찬해준다면 자기가 가진 능력보다 훨씬 더 잘할 수 있는 아이라는 생각이 들어 안타깝기만 했다. '아내는 사랑할수록 아름다워지고, 자녀는 칭찬할수록 귀해진다'라는 옛말이 있듯이 자녀를 귀하게 만들기 위해서는 칭찬을 아끼지 말고, 칭찬을 잘 활용해야 한다.

칭찬은 바보도
쓸모 있게 만든다

칭찬은 상대방의 잘한 점, 훌륭한 점을 추켜세우는 말뿐만 아니라 상대방을 격려해주거나 더 나은 기대감을 건네는 말 모두를 아우른다. 세상에 칭찬을 싫어하는 사람은 없다. 어른도 그러할진대 아이들은 말할 필요도 없다. 대다수의 아이들이 공부를 열심히 한다거나 뭔가를 잘해내고자 하는 까닭은 부모님이나 선생님에게 칭찬을 받고 싶기 때문이다.

칭찬은 대개 잘한 점을 높이 평가해주는 것이지만, 성취도가 부족한 아이를 칭찬해주다 보면 아이가 어느 순간 못하던 일을 능히 해내기도 한다. '칭찬은 바보도 쓸모 있게 만든다'라는 서양 속담은 칭찬의 이런 속성을 잘 말해준다.

칭찬의 강력한 힘에 대해 이야기할 때마다 필자는 2학년을 가르치며 만났던 수지라는 여자아이가 생각나곤 한다. 수지는 공부도 썩 잘했고 교우 관계도 원만한, 흠잡을 데 없는 아이였다. 소위 말해 '엄친딸' 같은 아이였다. 학년 초부터 수지를 볼 때마다 '어쩜 아이가 이렇게 반듯할까?' 싶은 생각을 줄곧 해오던 차에 아이들과 5월 어버이날을 맞이해 부모님께 감사 편지 쓰기 활동을 진행하면서 그 비결을 우연히 알게 되었다. 수지가 쓴 편지를 읽어보니 편지 말미에 자신을 '금쪽같은 딸 수지'라고 적은 것을 보았기 때문이다. 참 멋지고 귀한 표현이라는 생각이 들어 수지에게 물었다.

"수지야, 이 표현은 네가 지어낸 말이니?"

"아니요. 엄마 아빠가 평소에 저를 부를 때 이렇게 불러요."

순간 무릎을 탁 하고 칠 수밖에 없었다. 수지가 반듯한 아이로 큰 까닭이 그 한 줄의 표현으로 이해가 되었다. 부모가 아이를 부를 때마다 항상 '금쪽같은 딸'이라고 부르니 아이는 부모의 기대대로 금쪽같은 딸로 성장했던 것이다.

수지는 6학년 때에도 한 번 더 담임을 할 기회가 있었는데, 그때에도 여전히 반듯한 모습으로 커가고 있었다. 두 번이나 담임교사를 맡은 인연 때문인지 수지는 초등학교를 졸업하고 6년 뒤, 필자에게 대학 합격 소식을 전해왔다. 어느 대학에 진학했는지 조심스럽게 묻자 수지는 수줍게 대답했다.

"선생님, 저 서울대 치대에 합격했어요."

문득 인기리에 방영되었던 〈SKY 캐슬〉의 명대사가 떠올랐다.

"쓰앵님, 우리 예서 서울의대 보내야 돼요."

"어머니, 예서 교육은 전적으로 저에게 맡기셔야 합니다."

나는 이 대사를 이렇게 바꾸고 싶다.

"어머니, 아이 교육은 전적으로 칭찬에 맡기셔야 합니다."

5:1의
법칙

———

미국의 심리학자 에밀리 히피Emily Heapy와 마르시엘 로사다Marcial Losada 는 미국의 한 대형 IT 기업을 대상으로 칭찬과 비난이 조직원의 성과에 어떤 영향을 미치는지를 연구한 바 있다. 그 결과 가장 우수한 성과를 달성한 팀의 경우, 팀 내부의 칭찬과 비난의 비율이 5.6:1이었다. 중간 정도의 성과를 달성한 그룹 내의 칭찬과 비난의 비율은 1.9:1, 최하위 그룹은 0.36:1로 나타났다고 한다. 이 연구 결과에 따르면, 중간이라도 가기 위해서는 비난의 말보다 칭찬의 말을 두 배로 들어야 한다.

이 연구와 비슷한 연구가 또 하나 있다. 미국의 심리학자인 존 가트맨John Gottman 교수는 700쌍의 부부가 나누는 대화를 조사하여 이혼율을 예측하는 연구를 진행했다. 무려 10여 년에 걸친 조사 끝에 가트맨은 이혼율이 '칭찬과 비난의 비율'에 달려 있다고 발표했다. 부부 사이의 대화 중 칭찬과 비난의 비율이 '5:1' 이상인 부부는 10년 뒤에도 건강한 가정을 유지하고 있었지만, 그보다 낮은 비율인 경우에는 대부분 이혼을 했거나 불행한 가정생활을 이어갔다는 내용이다.

공교롭게도 두 연구 결과 모두, 칭찬과 비난의 적절한 비율로 '5:1'이라는 비율을 도출해냈다. 우연의 일치에 불과할지도 모르겠지만, 앞선 두 연구가 우리에게 시사하는 바는 명확하다. 비난보다 칭찬을 더 많이 해줘야만 일에서든 관계에서든 좋은 결과를 얻을 수 있다는 사실이다. 하지만 우리의 현실은 어떤가? 반대로 가고 있지는 않은가?

아이들에게 부모님께 하고 싶은 이야기를 적어보라고 하면, 가장 많이 등장하는 말들이 거의 비슷하다. '엄마 아빠가 싸우지 않게 해주세요', '함께 자주 놀아주시면 좋겠어요', '칭찬 좀 해주시면 좋겠어요'. 이 중에서 '아이에게 칭찬해주기'는 부모가 조금만 노력하면 어렵지 않게 충분히 해줄 수 있는 일이다.

만일 아이가 수학에서 100점을 받았다고 치자. 현관문에 들어서자마자 아이는 기뻐서 포효할 것이다. "엄마! 나 수학 100점 받았어!" 이

상황에서 지혜로운 부모는 아이와 함께 기뻐하며 그 기쁨을 만끽한다. 그러면 아이는 다음번에도 그 기분을 다시 느끼고 싶어 더욱 열심히 공부할 것이다. 반면에 엄마가 별다른 반응이 없다거나, "어쩌다가 네가 100점을 다 받았니?", "너희 반에 100점은 몇 명이니?", "국어는 몇 점 받았어?"와 같은 말을 던진다면 아이의 기분은 이루 말할 수 없이 엉망진창이 되어버릴 것이다. 아마 아이는 '열심히 해도 소용이 없네'라고 생각하며 공부에 흥미를 잃어버릴지도 모른다. 그뿐만 아니라 부모가 자녀에게 칭찬을 제대로 해주지 않으면 자녀는 심리적 상처까지 받게 된다.

앞서 언급한 바 있지만 심리학 용어 중에 '피그말리온 효과'라는 말이 있다. 다른 사람에 대해 기대하거나 예측하는 바가 실제로 실현되는 경우를 일컫는 용어이다. 칭찬과 비난의 5:1 법칙을 기억하고 자녀에게 칭찬을 많이 건네면 피그말리온 효과를 얻겠지만, 거꾸로 칭찬 대신 비난을 많이 퍼붓는다면 피 말리는 결과를 얻게 될지도 모르겠다.

효과가 배가되는 칭찬 방법 10가지

칭찬을 할 때 가장 중요한 것은 진심 어린 마음이다. 진심과 사랑을

듬뿍 담아 아이에게 칭찬의 메시지를 건네도록 하자. 다음은 보다 효과적인 칭찬을 위한 몇 가지 기술들이다.

① 결과보다 과정을 칭찬한다

많은 부모들이 아이가 이룬 성과에 대해서만 칭찬하는 경우가 많다. 그러나 결과에 대해서만 칭찬을 하다 보면, 아이 스스로도 과정의 중요성을 대수롭지 않게 생각할 수도 있다. 아이가 100점을 받아왔을 때, "우리 아들 시험 잘 봤네" 하고 결과에 대해 칭찬하기보다는 "네가 열심히 공부를 하더니 좋은 성적을 받았구나"라며 과정에 대해 칭찬하는 것이 더 좋다. 과정 중심의 칭찬을 많이 해주면 아이는 최선을 다하는 과정의 중요성을 은연중에 깨닫게 된다.

② 구체적인 칭찬이 효과적이다

"잘했어요" 혹은 "예쁘다"처럼 겉치레 같은 짧은 칭찬보다는 "오늘은 우리 아들이 알아서 숙제도 척척 하네"처럼 구체적으로 칭찬하는 것이 좋다. 구체적인 칭찬은 아이가 긍정적인 행동을 할 수 있도록 이끈다. 이때 칭찬하는 사람의 기분이나 마음을 자세하게 표현해주면 더욱 좋다. 예컨대 심부름을 잘해준 아이에게 "고마워"라고 짧게 말하기보다는 "네가 엄마 심부름을 해주니 엄마의 기분이 정말 좋다"처럼 말하는 식이다. 이런 식의 칭찬은 아이에게 성취감을 느끼게 해준다. 그뿐만 아니라 자신이 상대에게 유의미한 존재라는 생각을 하게 만들기 때문에 아이의 자존감도 향상되는 효과가 있다.

③ 식상한 칭찬은 피한다

아이들은 부모님이나 선생님의 칭찬 속에 사랑과 관심이 녹아 있는지 아닌지를 본능적으로 느낀다. 아이가 수행한 결과를 제대로 쳐다보지도 않고서 "잘했네", "수고했어"라고 칭찬하는 것은 아무 소용이 없다. 이런 식의 칭찬은 오히려 아이를 수동적으로 만든다. 식상한 칭찬이 잦아지면 아이는 칭찬을 일상적인 말로 여기거나, 칭찬이 따르지 않을 경우 아무것도 하지 않으려는 태도를 보일 수도 있다.

④ 규칙을 정해 선물로 보상한다

칭찬 대신 아이가 좋아하는 물건을 상으로 주는 방법도 좋다. 아이가 좋아하는 물건의 리스트를 만들어 칭찬할 일이 있을 때마다 나름대로 규칙을 정해 선물로 보상하면 된다. 물건으로 상을 주는 횟수가 늘어난다면 '칭찬 스티커'를 활용하는 것도 좋다. 즉시 보상하는 것이 아니라 칭찬받을 만한 일을 했을 때마다 예쁜 스티커를 주고, 칭찬 스티커가 일정량 모였을 때 보상하는 방식이다. 이런 방법은 보상의 요구가 잦은 아이들로 하여금 성취욕을 느끼게 하는 데 효과적이다. 또한 보상이 있어야만 무언가를 하는 부작용을 없애는 데에도 유용하다.

⑤ 칭찬은 즉시 해준다

칭찬은 즉각적으로 해줘야 한다. 칭찬할 만한 행동을 발견했을 때, 그 즉시 칭찬을 건네야 칭찬의 효과가 있다. 칭찬은 타이밍이 정말 중요하다. 밥은 뜸이 들어야 맛있지만, 칭찬은 뜸 들이면 칭찬받는 맛이 사라진다.

⑥ 스킨십을 최대한 이용한다

칭찬을 할 때 머리 쓰다듬어주기, 꼭 껴안아주기, 뽀뽀해주기, 볼 비비기, 토닥토닥 해주기와 같은 스킨십을 병행하면 칭찬하는 사람의 긍정적인 정서가 아이에게 한층 더 강력하게 전달된다. 스킨십과 함께 칭찬을 건네면 아이는 부모로부터 듬뿍 사랑받고 있음을 마음으로 느낄 수 있다. 스킨십은 남자아이들보다 여자아이들에게 더욱 효과적이다.

⑦ 공개적으로 칭찬하면 칭찬 효과가 배가된다

공개적으로 칭찬하면 칭찬의 효과가 커질 뿐만 아니라, 이후 행동에 대한 예약의 효과도 거둘 수 있다. 아이가 잘한 일이 있다면 가족이나 친척들이 많이 모인 자리에서 공개적으로 칭찬해주자. 이와는 반대로 공개적인 자리에서 아이의 흉을 보는 일은 삼가도록 하자. 극도의 수치심을 불러일으킬 수 있기 때문이다.

⑧ 꾸지람보다는 칭찬을 먼저 한다

칭찬과 꾸지람을 동시에 할 일이 있을 때에는 칭찬을 먼저 하고 꾸지람은 나중에 한다. 시험지를 받아왔을 때에도 점수가 잘 나온 과목을 우선 충분히 칭찬해준 다음에 점수가 잘 나오지 않은 과목을 짧게 꾸지람해야 효과적이다. 하지만 칭찬은 칭찬으로 끝내는 편이 제일 좋다. 되도록이면 칭찬과 꾸지람을 섞지 않는 것을 권한다.

⑨ 자존심이 아니라 자존감을 세워주는 말이 좋다

아이가 무엇인가를 잘했을 때 부모들은 흔히 이렇게 이야기한다. "네가 이렇게 잘하다니 대단하구나. 역시 최고야!" 아이를 격려하고 아이의 자존심을 높여주려는 부모의 마음이 고스란히 담긴 칭찬이다. 하지만 이런 식의 자존심을 높여주는 칭찬은 자칫 아이가 잘못을 저질렀을 때, 아이 스스로 자신을 형편없는 사람으로 생각하게 만들기도 한다. 따라서 자존심이 아니라 자존감을 높여주는 칭찬을 해주기를 권한다. 이를테면 이런 식이다. "네가 최선을 다해서 좋은 결과가 나왔구나. 엄마는 이런 네가 자랑스럽구나." '아' 다르고 '어' 다르다고 했던가? 자존심을 세워주는 칭찬과 자존감을 높여주는 칭찬은 묘하게도 뒷맛의 차이가 난다.

⑩ 칭찬 기록장을 만든다

필자의 학급에서 연락장 1번 항목은 언제나 '칭'이다. '칭'은 '칭찬하기'의 약자이다. 부모가 매일 자녀로부터 칭찬거리를 찾아서 칭찬해주고 연락장에 적어야 한다. 연락장에 적힌 칭찬의 내용은 그야말로 다양하다. '숙제를 알아서 했습니다', '공부를 열심히 했습니다' 같이 학습과 관련된 칭찬은 물론이고, '밥을 먹고 자기 밥그릇을 치웠습니다', '인사를 잘했습니다'처럼 생활 습관과 관련된 칭찬들도 많다. 지나치기 쉬운 사소한 행동이 칭찬거리로 등장하기도 한다.

아이들은 쉬는 시간에 부모님이 연락장에 적어준 칭찬 글을 읽으면서 얼굴에 웃음꽃을 피우기도 한다. 심지어 어떤 아이는 칭찬거리를 두 개씩 써주기로 하면 안 되냐고 말하기도 한다.

아이 얼굴을 보면서 칭찬을 건네는 것이 가장 좋겠지만, 그것이 여의치 않다면 '칭찬 기록장'을 활용해볼 것을 권한다. 칭찬 기록장 공책을 만들어놓고 칭찬거리가 생기거나 생각이 날 때마다 칭찬 기록장에 간단하게 기록해놓는다. 그리고 칭찬 기록장을 아이 책상 위에 놔두자. 아이가 공부하려고 책상에 앉았을 때 부모의 칭찬이 듬뿍 담긴 칭찬 기록장을 보면서 행복해하고 힘을 내는 모습을 볼 수 있을 것이다.

햇빛을 모으면
종이를 태울 수 있다

집중력은 '마음이나 주의를 오로지 한 사물에 쏟을 수 있는 힘'을 일컫는다. 햇빛에 종이를 비춘다고 종이가 바로 불타지는 않는다. 하지만 돋보기로 햇빛을 모으면 종이는 이내 연기를 내며 타기 시작한다. 햇빛을 집중력 있게 하나로 모았기 때문이다.

아이들이 공부를 못하거나 잘하는 이유는 장황하게 설명할 필요가 없다. 가장 큰 이유는 집중력이다. 초등 교사 생활을 20년 이상 하는 동안, 집중력 좋지 않은 아이가 공부 잘하는 모습은 단 한 번도 보지 못했다. 공부 잘하는 아이들은 평소 집중력이 높거나 혹은 순간 집중력이 높다. 평소에는 산만한 것 같은데 어떤 과제가 주어지면 놀라운 집중력을 보이는 아이들은 순간 집중력이 높은 아이들이다.

집중력이 부족한 아이들은 대인 관계에서도 어려움을 많이 겪는다. 대인 관계가 좋으려면 마음을 상대방에게 쏟아야 하는데 집중력이 약한 아이들은 이것을 잘 못한다. 자신에게 마음을 쏟아주지 않는 사람을 좋아할 사람은 아무도 없다.

아무리 무서운 호랑이라고 하더라도 집중력이 없으면 토끼 한 마리도 잡을 수 없다. 토끼 한 마리도 잡지 못하는 호랑이는 굶어 죽을 수밖에 없다. 집중력이 약한 아이도 마찬가지이다. 무엇 하나 번듯하게 제대로 이루기 어렵다.

수업에 집중하지 못하는 아이들

수업 시간에 교사의 말에 잠시도 집중하지 못하고 주변 친구들과 잡담을 나누거나 안절부절못하는 아이들이 있다. 그뿐만 아니라 수시로 자리를 이탈해서 물을 마시러 간다거나 사물함에 왔다 갔다 한다거나 화장실을 수시로 가는 아이들이 있다. 이런 아이들을 보다 보면 처음에는 화가 나지만 나중에는 측은한 생각이 들기도 한다. 수업에 집중하지 못하는 아이들은 공부를 잘할 수 없을 뿐만 아니라 교사나 친구들과의 관계도 좋을 수가 없기 때문이다.

ADHD를 겪는 아이들

소아정신과를 찾는 아이들 중에 열에 예닐곱 정도가 ADHD 때문에 병원을 찾을 만큼 ADHD는 아이들 사이에서 흔한 질병 가운데 하나이다. 정확한 통계는 없지만 학령기 아동의 5~10%정도가 ADHD에 해당되는 것으로 알려져 있다. 이 비율에 근거하면 한 반에서 두세 명 정도는 ADHD에 해당된다고 할 수 있다.

매사에 참을성이 없고 산만하다거나, 감정이나 충동을 잘 조절하지 못한다거나, 중요한 일이 무엇인지 모르고 당장 눈앞의 하고 싶은 일만 하려고 한다면 ADHD 증상을 의심해볼 만하다. ADHD를 겪는 아이들은 정리 정돈도 능숙하게 하지 못하고, 제한된 시간 안에 일을 완수하지 못하는 경향도 크다. 아이가 ADHD 판정을 받으면 교사에게도 빨리 알리고 도움과 협조를 구하는 것이 좋다.

어휘력이 부족한 아이들

어휘력이 부족한 아이들은 교사의 설명을 잘 알아들을 수 없다. 알아들을 수 없으니 자연스럽게 교사의 말이 재미가 없다. 재미없는 교사의 말을 아이가 귀담아들을 리 없다. 그뿐만 아니라 제대로 알아듣지 못하니 교사의 지시도 잘못 알아들어서 과제를 엉뚱하게 하곤 한다. 어휘력이 낮은 아이들 가운데 성격이 적극적인 경우, 수업 시간에 시도 때도 없이 교사가 말하는 중간에 끼어들거나 모르는 어휘에 대해 다짜고짜 질문을 하기도 한다. 이런 아이의 모습이 교사에 따라서는 굉장히 산만하게 비춰질 수 있다. 아이가 수업 시간에 교사의 말을 잘 알아듣기 위해서는 어휘력이 높아야 하는데 이를 위해서는 평소 꾸준한 독서가 해답이다.

학원을 너무 많이 다니는 아이들

학원을 너무 많이 다니는 아이들도 산만한 경향이 있다. 저학년임에도 불구하고 방과후에 서너 개의 학원을 돌고 나서야 집에 돌아가는 아이들이 있다. 이런 아이들은 자신의 체력이나 집중력보다 지나치게 많은 시간을 책상에 앉아 있다 보니 자연스럽게 주의가 흐트러질 수밖에 없다. 고학년 아이들은 밤늦게까지 학원 수업을 받느라 학교 수업 시간에는 꾸벅꾸벅 조는 아이들도 있다. 몸은 몸대로 피곤하지만 학습 효율이 오를 수가 없는 구조이다. 어른들도 하루 8시간 노동이 원칙이다. 하물며 아이들에게 8시간 이상 주의력을 요하는 공부를 시키면 효과가 있을 리 없다. 학원은 철저히 아이의 체력이나 집중력을 감안해서 보내야 한다.

사회성이 떨어지는 아이들

사회성이 떨어지는 아이들은 사람과의 관계에서 어떻게 행동해야 하는 줄 모른다. 좁은 교실에 많은 사람들이 모여 있을 때 나의 행동이 다른 사람들에게 피해를 줄 수 있다는 사실을 잘 알고 있는 아이들은 수업을 방해하는 행동을 삼간다. 하지만 사회성이 떨어지는 아이들은 그렇지 않다. 자신의 행동이 다른 사람에게 방해가 되든 말든 자기 위주로 생각하고 행동한다. 수업 시간에 지켜야 할 규칙, 예컨대 발표를 할 때에는 손을 들고 발표권을 얻은 다음에 발표를 한다든지, 연필 깎는 것은 쉬는 시간에 하기로 한다든지, 수업 시간에 돌아다니지 않아야 한다든지 등 교실에서 지켜야 하는 수많은 규칙을 사회성이 떨어지는 아이들은 잘 지키지 못한다. 이런 아이들은 겉으로 보면 주의가 산만한 아이로 비춰지기도 쉬운데, 실상은 사회성에 문제가 있는 아이들이다. 이런 아이들은 가정에서부터 규칙은 반드시 지켜야 한다는 인식을 심어주어야 한다. 또한 부모와의 애착 관계가 잘 형성되었는지도 살펴봐야 한다.

호기심이 너무 강한 아이들

가끔은 호기심이 너무 강해 산만한 것처럼 보이는 아이들도 있다. 머리보다는 가슴이 앞서고 호기심으로 똘똘 뭉친 아이들이다. 이런 아이들은 교사가 조금만 인내하며 아이들의 성향을 이해하고 수용해주면 크게 문제가 되지 않는다. 안전사고를 일으키는 것이 아니라면, 아이들의 호기심은 언제나 해소해주기 위해 노력해야 한다. 무조건 하지 말라고 제지하다 보면 귀한 재능인 호기심이 사그라져버릴 수 있을 뿐만 아니라 욕구불만으로 내면에 잠재되어 다른 방향으로 분출될 수 있기 때문이다.

수업 중 노상 화장실에 가는 아이들

"선생님, 저 화장실 가고 싶어요."

저학년 교사들이 수업 시간에 가장 많이 듣는 말이다. 교사 입장에서 수업 시간에 화장실을 간다고 하면 신경이 많이 쓰인다. 화장실 가는 아이 때문에 수업의 흐름이 끊기고 삽시간에 수업 분위기가 무너지기 때문이다. 그뿐만 아니라 화장실에 갔다가 무슨 일이라도 생기면 큰일이기 때문에 아이가 화장실에서 돌아올 때까지 교사는 수업에 신경 쓰지 못하고 화장실 간 아이에게 신경을 곤두세운다. 아이 입장에서도 화장실 간 사이에 수업 중 중요한 내용이 지나가버리면 만회할 수 있는 기회가 없다.

준비물이 없는 아이들

수업이 시작되면 교과서 없다는 아이들부터 시작해서 공책, 연필, 지우개, 그 시간에 꼭 필요한 준비물이 없는 아이들이 꼭 등장한다. 이렇게 수업 준비물을 챙겨오지 않으면 수업 시간 내내 교사의 눈총을 받을 뿐만 아니라 활동에 참여하기가 어렵다. 그러다 보니 딴청을 피우다 시간이 흘러간다. 준비물이나 기본 학용품은 꼭 챙겨서 다니는 습관이 필요하다.

수업 시간에 미처 준비해오지 못한 학용품을 다른 친구들에게 빌리겠다고 돌아다니는 아이들도 많다. 이런 아이들은 아무리 부모가 준비물을 잘 챙겨줘도 며칠 못 가서 잃어버린다. 따라서 물건마다 이름을 적어주는 것이 좋다. 연필 한 자루에도 일일이 이름을 적어 붙여 주는 것이 좋다. 물건에 이름을 적는 방법은 물건에 대한 애착심을 높여줄 뿐만 아니라 물건의 분실을 막을 수 있는 최선의 방법이다.

시력과 청력이 좋지 않은 아이들

시력이 좋지 않거나 귀가 잘 들리지 않는 아이들도 수업 시간에 집중하기가 매우 어렵다. 가끔 아이의 시력이 좋지 않다고 자리를 바꿀 때 앞에 앉혀달라고 부탁하는 부모들이 있다. 안경을 쓰게 하면 어떠냐고 반문하면 아이가 안경을 쓰기 싫어한다고 대답한다. 교실 뒷자리에 앉았을 때, 칠판 글씨가 잘 안 보인다거나 교사의 목소리가 잘 안 들리면 수업 시간에 집중력을 발휘하기가 어렵다. 안경 착용과 같은 적극적인 대비책을 강구하는 것이 좋다.

집중력 있는
아이로 만들기

집중력이 흐트러지는 원인이 수도 없이 많은 것처럼 집중력을 높여주는 방법도 굉장히 많다. 다만 기억해야 할 사실은 집중력은 단기간에 좋아지지 않는다는 점이다. 또한 집중력을 키우기 위한 방법을 일상에서 꾸준히 실천해야 집중력이 떨어지지 않는다.

적당한 운동 시키기

미국의 수영 선수 마이클 펠프스Michael Phelps는 올림픽에서 금메달을 23개나 딴 자타가 공인하는 명실상부한 수영 황제이다. 펠프스는 어렸을 적 부모가 다투는 모습을 자주 보며 자랐으며, 남들보다 긴 팔다리를 가진 펠프스를 친구들이 괴물이라고 놀리기도 했다고 한다. 이런 것들이 원인이 되어서 펠프스는 어렸을 때 ADHD 판정을 받았다. 펠프스가 수영을 시작한 것도 ADHD를 치료하기 위해서였다고 한다. 수영이나 마라톤 같은 운동은 신체와 인지의 균형적인 발달을 도울 뿐만 아니라 정서적 안정까지 얻을 수 있어 ADHD의 치료뿐만 아니라 집중력을 향상시키는 데 큰 효과가 있는 것으로 알려져 있다.

칭찬 듬뿍해주기

성공의 기쁨과 집중력을 결합시키기 위해서 아이에게 칭찬하는 것을 잊지 않는다. 자주 야단맞는 아이는 자신감이 떨어져서 집중력이 약화되고 산만해질 수 있다. 머리 쓰다듬어주기, 뽀뽀하기 등과 같은 가벼운 스킨십과 구체적인 칭찬을 함께 해주면 집중력 향상에 많은 도움이 된다. 칭찬을 받으면 아이의 성취감과 기대감이 커지고 자신이 해야 하는 일에 더욱 몰두할 수 있게 된다.

충분한 수면 취하게 하기

성장기 아이들은 충분한 수면을 취하지 못하면 제대로 키가 크지 않을 뿐만 아니라 집중력이 급격히 나빠진다. 학교에서 주의가 산만한 아이들에게 취침 시간을 물어보면 대부분 11시나 12시까지 잠을 안 잔다는 아이들이 많다. 초등학생이라면 10시 정도에는 잠자리에 들어서 8시간 이상 충분한 수면 시간을 확보해야 한다. 지나치게 오랫동안 텔레비전 시청을 하거나 컴퓨터게임과 스마트폰을 하는 것은 아이의 숙면을 방해하기 때문에 가급적 피하는 것이 좋다.

책 읽어주기

책 읽어주기는 아이의 듣기 능력을 향상시켜주는 데 가장 도움이 되는 활동이다. 책 읽어주는 부모의 목소리에 귀를 기울일 줄 아는 아이는 학교에서도 선생님의 말에 귀를 기울일 줄 안다. 그뿐만 아니라 친구들의 말에도 귀를 기울인다. 짧은 시간이라도 시간을 내서 아이에게 책을 읽어주면 아이의 집중력 향상에 큰 도움을 줄 수 있다.

집중력 향상에 좋은 음식 먹이기

균형 잡힌 식사는 집중력과 기억력, 사고력을 향상시킨다. 평소에 인스턴트식품은 멀리하고 당이 과하게 들어간 음식이나 맵고 짠 자극적인 음식은 행동을 산만하게 만들므로 피한다. 대신 집중력 향상에 좋은 음식을 가까이하면 좋다. 비타민 B가 풍부한 바나나, 머리를 맑게 해주고 두뇌를 활성화 시켜주는 견과류, 아미노산을 섭취할 수 있는 시금치와 두부, 단백질이 풍부한 등 푸른 생선과 달걀 등으로 아이를 위한 건강한 식단을 꾸려보자.

집중력 높여주는 놀이하기

블록 쌓기나 퍼즐 맞추기 등의 놀이는 집중력이 많이 필요한 놀이이다. 또한 완성해냈을 때 기쁨과 성취감을 얻을 수 있는 놀이이기도 하다. 산만한 아이들은 이런 놀이를 통해 차분함과 정확성을 키울 수 있다. 더불어서 축구나 달리기처럼 땀을 흘릴 수 있는 활동적인 놀이를 병행하면 더욱 좋다.

아이의 말에 언제나 귀 기울이기

산만한 아이들은 기본적으로 경청을 못하는 아이들이다. 경청을 못하는 아이들은 평소 자신이 말할 때 부모가 경청하면서 들어주는 모습을 보지 못한 경우가 많다. 아이가 말하는데 부모가 제대로 경청해주지 않거나 속단해서 끝까지 듣지 않는 태도로 일관하면 아이는 경청하는 자세를 배우지 못한다. 가족 간의 대화 시 아이의 말에 귀를 기울여 듣는 모습을 보여줘야 한다. 경청의 가장 좋은 방법은 상대의 눈을 쳐다보면서 대화를 나누는 것이다.

13

습관의 법칙

'습관'이 곧
'나'이다

인생은 결국 습관과의 싸움이다. 좋은 습관을 가진 사람은 성공하고, 나쁜 습관을 가진 사람은 실패하는 법이다. 〈뉴욕타임스〉 기자인 찰스 두히그Charles Duhigg의 저서 『습관의 힘』에는 습관의 힘이 얼마나 무시무시한지에 관해 잘 나와 있다. 그에 따르면 늦잠, 야식, 흡연, 음주와 같은 생활 습관뿐만 아니라 자동차를 운전하고, 휴대폰을 들여다보고, 이메일을 체크하고, 커피를 마시는 등의 일상적인 행위들까지도 우리의 의식적인 선택에서 비롯된 행동이 아니라 습관의 산물이라고 한다. 이 책에서 저자가 주장하는 바는 명료하다. 성공하고 싶다면 나쁜 습관을 좋은 습관으로 바꾸라는 것. 그리고 습관을 바꾸는 일은 생각만큼 어렵지 않으니 꼭 한 번 도전해보라는 것이다.

아이들의 학교생활 성패도 '습관'에 달려 있다. 공부를 잘하는 아이들을 관찰해보면 대다수의 아이들이 공부를 잘할 수밖에 없는 좋은 습관을 갖고 있다. 교우 관계 역시 평소 습관에 크게 좌우된다. 따라서 부모는 자녀가 어떤 습관을 가지고 학교를 다니는지 잘 살펴야 한다. 좋은 습관은 타고난 재능을 이긴다.

'습관'이 곧 '나'이다

사람은 누구나 좋건 나쁘건 간에 자기만의 습관을 가지고 있다. 어제의 내 일상과 오늘의 내 일상을 한번 비교해보자. 어제와 오늘 완전히 다른 하루를 살았을 확률보다는 대체로 비슷한 일상을 보냈을 확률이 높다. 습관 때문이다. 필자 역시 어제가 오늘 같고, 오늘이 내일 같은 일상을 보낸다. 매일 비슷한 시간에 일어나서 똑같은 행동 순서에 따라 출근 준비를 한다. 지하철도 매일 똑같은 시간에 탄다. 학교에 출근해서도 매일 비슷한 일상의 반복이다. 교실에 들어가자마자 컴퓨터를 켜고, 그날의 시간표를 훑어보고, 칠판에 그날 해야 할 일들을 적는다. 아이들을 대하는 모습도 매일 거의 비슷하다. 수업 내용은 바뀌지만 수업의 흐름과 진행 방식은 좀처럼 바뀌지 않는다.

이처럼 일상의 대부분은 다람쥐 쳇바퀴 돌 듯 반복되는 일련의 행동으로 채워진다. 인간이 생각하는 존재라고는 하지만, 우리의 하루를 자세히 뜯어보면 생각이 개입되어 일어나는 일들은 썩 많지 않다. 몇몇 사건을 제외하면 나머지 일상적인 활동들은 나의 습관에 의해 이루어진다. 우리는 습관적으로 말하고, 습관적으로 행동하고, 습관적으로 먹고 마신다.

그렇다면 '나는 누구인가?'라는 철학적인 질문을 두고 심각하게 고민할 필요가 없을지도 모르겠다. '습관'이 곧 '나'라는 대답이야말로 정답에 근접한 답변이 아닐까 싶다. 나의 습관들이 모여 나의 하루가 되고, 나의 하루가 모여 인생이 된다. 즉, 인생을 바꾸고 싶다면 습관을 바꿔야 하는 것이 사실이다.

습관을 이해하면
아이 다루기가 쉬워진다

학교에서 아이들을 보면 좋은 습관을 들인 아이와 나쁜 습관을 들인 아이가 명확히 갈린다. 늘 지각하거나 결석하는 아이가 있는가 하면, 항상 남보다 일찍 등교하고 한 번도 결석하지 않는 아이가 있다. 항상 고운 말을 쓰는 아이가 있는가 하면, 항상 욕을 달고 사는 아이가 있다. 교사가 무슨 일이라도 시키려고 하면 안 한다고 내빼는 아이가 있는가 하면, 시키기도 전에 도와드릴 일이 없느냐고 묻는 아이가 있다.

줄을 설 때 항상 앞에 서겠다고 친구들과 싸우는 아이가 있는가 하면, 기쁜 마음으로 순서를 양보하는 아이가 있다.

습관의 속성에 대해 이해하면, 아이의 습관을 다루기가 한결 쉬워진다. 우선 좋은 습관은 철저하게 훈련되어야 한다. 나쁜 습관은 금방 몸에 붙지만, 좋은 습관은 철저한 가르침과 지속적인 훈련 없이는 절대 내 것이 되지 않는다. 좋은 습관을 어렵사리 들였다고 하더라도 지속적으로 강화시켜주지 않으면 금방 사라져버린다는 사실도 기억하자. 예컨대 아이에게 독서 습관을 길러주기 위해 매일 30분씩 책 읽기를 시켜서 독서 습관을 가까스로 들였다고 치자. 만일 습관이 들었다고 해서 책 읽기를 게을리하도록 방치하면 어느 순간 아이의 독서 습관은 소멸되어버리고 만다. 따라서 아이의 습관이 아이의 품성이나 인격으로 굳어지기 전까지는 지속적인 칭찬을 통해 해당 습관을 이어갈 수 있도록 격려해야 한다.

또한 아이의 습관은 많은 부분 부모로부터 비롯된다는 사실도 기억해야 한다. 자녀의 텔레비전 시청 시간이 길어 불만이라면, 부모 자신이 텔레비전 마니아가 아닌지 우선 살필 필요가 있다. 자녀가 욱하고 화내는 습관이 있다면, 부모 자신이 그렇게 화를 내고 있지는 않은지 살펴야 한다. 부모로부터 비롯된 습관은 부모가 먼저 그 습관을 떨쳐내야 자녀도 비로소 고칠 수 있다. 생물학적인 정보만 유전되는 것이 아니라 습관도 유전된다.

나무가 휘어지게 자라고 있으면 어릴 때 바로 잡아주어야 한다. 때를 놓쳐서 바로잡아주려고 하다가는 나무가 부러지고 만다. 습관도 마찬가지이다. 어릴 때에는 나쁜 습관도 비교적 쉽게 고쳐줄 수 있지만 아이가 어느 정도 크고 나면 쉽사리 고쳐지지 않는다. 초등학교 시기가 지나면 많은 습관들은 아이의 인격으로 고착되어서 바로잡기가 거의 불가능해진다. 초등학교 시절이 끝나기 전에 아이에게 좋은 습관 한 가지라도 심어주기 위해 노력하는 부모가 좋은 부모이다.

긍정적으로 사고하는 습관을 들이고 나쁜 습관은 끊어내라

물은 아무 데로 흐르지 않는다. 물길을 따라 흐른다. 물길이 아닌 곳으로 흐르는 경우는 홍수가 났을 때처럼 아주 특별한 때에 불과하다. 사람의 생각도 마찬가지이다. 눈에 보이지는 않지만 생각이 흐르는 '생각길'이 있다. 물이 물길을 따라 흐르듯 우리의 생각도 생각길을 따라 흐른다.

어떤 사람은 생각길이 긍정적인 방향으로 터 있다. 반면에 생각길이 부정적인 방향으로 나 있는 사람도 있다. 똑같은 일을 경험해도 매사에 부정적인 사람은 삐딱한 방향으로만 생각한다. 하지만 긍정적인 사람은 어떤 상황에서도 일이 잘 풀릴 수 있는 방향으로 생각한다.

행복한 인생을 살아가기 위해서 첫 번째로 해야 할 일은 자신의 생각길을 긍정적인 방향으로 바꿔야 한다. 물이 흐르는 방향을 바꾸려면 물길을 틀어야 하듯 생각의 방향을 바꾸려면 생각길을 틀어야 한다. 생각길이 어느 곳으로 나 있느냐에 따라 인생의 결과는 완전히 달라진다. '생각은 말이 되고, 말은 행동이 된다. 행동은 습관이 되고, 습관은 인생이 된다'라는 말이 달리 있는 것이 아니다.

"오늘 이 시간에는 이런 활동을 해볼 거예요."

교사의 이 말에 "와, 재미있겠다"라고 반응하는 아이와 "그거 꼭 해야 되나요?"라고 반응하는 아이는 활동의 결과가 다르다. 부모는 아이가 평소에도 긍정적인 사고를 할 수 있도록 도와줘야 한다. 그러기 위해서는 무엇보다 부모부터 아이를 대하는 태도를 비롯해서 삶을 대하는 태도가 긍정적어야 한다.

습관과 관련하여 두 번째로 강조하고 싶은 점이 있다. 나쁜 습관은 당장 끊어야 한다, 좋은 습관을 들이는 일만큼이나 힘든 것이 바로 나쁜 습관을 끊어내는 일이다. 나쁜 습관은 몸에 쉽게 배이면서, 떼어내려고 할 때에는 찰거머리처럼 딱 붙어 도통 떨어지지 않는다. 시간이 흐를수록 나쁜 습관은 떨쳐버리기가 더욱 힘들어진다. 나쁜 습관은 단칼에 베어내어야 한다. 『맹자』「등문공滕文公 하편下篇」에는 나쁜 습관과 관련해 재미있는 구절이 나온다.

孟子曰今有人 日攘其鄰之鷄者 或告之曰是非君子之道 曰請損之
月攘一鷄 以待來年然後已 如知其非義 斯速已矣 何待來年

맹자왈금유인 일양기린지계자 혹고지왈시비군자지도 왈청손지
월양일계 이대내년연후이 여지기비의 사속이의 하대내년

→ 맹자가 말했다. "날마다 이웃집의 닭을 훔치는 사람이 있었는데,
어떤 사람이 그자에게 '이런 짓은 군자의 도리가 아니다'라고 일
러주자, 그 사람은 '훔치는 숫자를 줄여 한 달에 한 마리씩만 훔
치다가 내년까지 기다린 후에 그만두겠다'라고 했다고 하오. 옳지
못하다는 것을 안다면 빨리 그만두어야지 어째서 내년까지 기다
린단 말이오?"

나쁜 습관은 '내일부터 끊어야지'라고 생각하면 평생 끊을 수 없다.
나쁜 습관은 맹자의 지적처럼 당장 끊어내고자 하는 단호함이 있어
야 비로소 결별할 수 있다.

TIP 초등학생이 들이면 좋은 생활 습관과 공부 습관 20가지

교사마다 조금씩 다르겠지만 대부분의 교사들이 중요하게 여기는 생
활 습관과 공부 습관은 거의 정해져 있다. 초등학생이 들이면 좋을 생
활 습관과 공부 습관을 각각 10개씩 뽑아보았다. 다음에 나열한 20가
지 습관을 몸에 제대로 들인다면 아이가 학교에서 크게 환영받을 수

있을 것이다. 자녀의 습관을 점검해보고 좋은 습관을 들이는 데 참고하길 바란다.

- 생활 습관 10가지
  ① 일찍 자고 일찍 일어나기
  ② 잘 씻고 양치질 잘하기
  ③ 골고루 먹기
  ④ 인사 잘하기
  ⑤ 자리 정리 정돈 하기
  ⑥ 고운 말 쓰기
  ⑦ 자기 물건 잘 간수하기
  ⑧ 지각하지 않기
  ⑨ 실내에서 뛰지 않기
  ⑩ 친구들과 사이좋게 지내기

- 공부 습관 10가지
  ① 수업 시간에 잡담하지 않기
  ② 숙제 잘 해오기
  ③ 예습 복습 잘하기
  ④ 발표에 적극적으로 참여하기
  ⑤ 매일 책 읽기

⑥ 궁금한 것이 있으면 꼭 질문하기

⑦ 준비물이나 교과서 잘 챙기기

⑧ 오늘 해야 할 공부는 오늘 꼭 하기

⑨ 친구나 선생님이 말할 때, 눈을 쳐다보며 듣기

⑩ 모르는 것을 스스로 알고자 노력하기

글씨의 법칙

글씨는 아이의 학교생활을 그대로 보여준다

"교양 과목 채점을 할 때 답안지 수백 장을 제한된 시간 안에 읽어야 한다. 그런데 글씨가 엉망인 답안은 보는 순간 짜증이 난다. 글씨에 대한 선입견을 가지지 않으려고 하지만 사람인 이상 알게 모르게 영향을 받지 않을 수 없다."

이 내용은 한 대학 교수가 인터뷰 중 요즘 대학생들의 글씨를 두고 한 말의 일부이다. 필자 역시 이 교수의 심정을 이해하고도 남는다.

초등학교에서도 독서 감상문 대회 등을 열고 나면 수상작을 뽑기 위해 수많은 작품을 읽어야 한다. 그런데 글씨가 정갈하지 못한 아이들의 작품은 보는 순간 미간이 찌푸려진다. 인내심을 발휘하여 몇 줄

142

읽어도 보지만 이내 포기하게 된다. 내용 면에서 정말 좋은 작품임에도 불구하고 글씨 때문에 수상작에 들지 못하는 불상사가 발생할 수 있는 것이다. 반면에 정갈한 글씨로 쓰인 작품은 일단 읽어보고 싶은 마음이 든다. 실제로 끝까지 읽게 된다. 내용이 별로여도 왠지 잘 쓴 글처럼 느껴지기도 한다. 내용만 두고 보면 수상작 반열에 들기 어려움에도 불구하고 후보로 분류해둘 때도 있다. 글씨가 경쟁력인 셈이다.

글씨 쓰기 자체가 배움이다

미국 인디애나주는 2011년 9월부터 초등학교에서 글씨 쓰기 과목을 완전 폐지했다고 한다. 디지털 시대에 글씨 쓰기는 과거 축산 농가에서 직접 손으로 버터를 만들던 기술과 같다고 여겨지기 때문이란다. 글씨 쓰기를 연습시킬 시간에 타이핑 기술을 가르쳐야 한다는 것이다. 인디애나주의 이런 조치가 시대적으로는 옳아 보일지 모르겠으나, 필자는 교육적인 측면에서 바람직한 선택이 아니라고 본다. 글씨 쓰기를 수단으로만 생각하는 오류로부터 내려진 속단이라 생각한다.

글씨는 동양 문화권에서 고대부터 신언서판身言書判 중 하나로 사람의 됨됨이를 평가하는 중요한 기준으로 여겨졌다. 신언서판이란 중국

당나라 때 관리를 선출하던 네 가지 기준이다. '신身'은 사람의 풍채와 용모가 반듯한 것을 의미하며, '언言'은 말이 정직하고 언변이 좋은 것을 의미하고, '서書'는 글씨를 잘 쓰는 것을 의미하며, '판判'은 사물의 이치를 깨달아 판단력이 뛰어남을 의미한다. 이 중에서 '신'과 '판'은 타고나는 측면이 크다. 하지만 '언'과 '서'는 후천적인 노력에 의해 얼마든지 바뀔 수 있다.

글씨를 하나의 표현 수단 정도로만 치부해버리면 글씨 쓰기에서 가치를 찾기 어렵다. 하지만 글씨 쓰기는 그 자체로 공부이자 배움이다.

明道先生 作字時 甚敬 嘗謂人曰 非欲字好 卽此是學
명도선생 작자시 심경 상위인왈 비욕자호 즉차시학
→ 명도 선생은 글씨를 쓸 때에 매우 정성스러웠다. 한번은 사람들에게 말하기를 "글씨를 정성스럽게 쓰는 것은 글씨를 좋게 보이고자 함이 아니라, 바로 그것 자체가 배움이기 때문이다."

『소학』「선행편善行篇」에 나오는 구절이다. 명도 선생의 가르침처럼 글씨를 정성스럽게 써야 하는 이유는 그 자체가 배움이기 때문이다. 글씨를 정성스럽게 쓰면 운필력과 악력이 좋아져서 머리가 좋아지는 것은 말할 것도 없고, 인내심과 집중력이 향상되는 등 정신 수양에도 큰 도움이 된다. 특히 동양 문화권에서는 글씨 쓰기의 정서적 측면을 강조했다. 글씨 쓰기를 단순한 의사 전달의 수단이 아니라 심신 수양의 과정으로 삼았고, 더 나아가서 예술의 경지로까지 승화시켰다.

글씨는 아이의 학교생활을 그대로 보여준다

안색을 보면 그 사람 기분을 짐작할 수 있다. 말을 통해서도 그 사람의 상태를 알 수 있다. 글씨 역시 글씨를 쓴 사람의 상태를 알려준다. 흥분하거나 화난 상태에서 쓴 글씨와 차분하게 집중하면서 쓴 글씨는 확연히 다르다. 글씨는 그 사람의 내면을 비춰주는 거울과도 같다. 글씨를 보면 그 사람의 내면이 보이고 삶의 모습이 보인다.

학부모들 중에 자녀의 학교생활이 궁금하다면서 수시로 전화를 하거나 면담 요청을 해오는 분들이 있다. 하지만 그럴 필요가 전혀 없다. 자녀의 학교생활이 궁금하다면 아이의 공책만 살펴봐도 알 수 있다. 아이의 공책에 써진 글씨를 살펴보면 아이의 학교생활을 눈으로 보지 않고, 귀로 듣지 않아도 짐작할 수 있다.

글씨를 보면 그 아이의 성격, 품성, 습관 등이 보일 뿐만 아니라 아이가 공부를 잘하는지 여부도 금세 알 수 있다. 말투는 말하는 사람의 기분에 따라 곧잘 바뀌기도 하지만, 필체는 말처럼 쉽게 바뀌지도 않는다. 한번 굳어지면 평생 잘 변하지 않는 것이 글씨이다.

글씨 쓰기가 주는
유익

악기 중에서 피아노는 성인이 되어서도 배울 수 있지만, 바이올린은 어른이 되어서 배우기 어려운 악기로 알려져 있다. 피아노에 비해 바이올린은 손의 아주 미세한 소근육을 많이 사용해야 하기 때문이다. 대근육은 어른이 되어서도 얼마든지 발달시킬 수 있지만, 소근육은 어려서부터 발달시키지 않으면 나중에 어른이 되어서 아무리 노력해도 잘 발달하지 않는다는 특징이 있다.

사람의 소근육은 개인마다 조금씩 다르지만 보통 만 3세 정도부터 발달하기 시작한다고 한다. 보통 만 3세 정도 되면 아이가 동그라미를 그릴 줄 알게 되는데 이는 소근육이 발달했다는 방증이다. 어린아이들에게 레고나 퍼즐 맞추기, 그림 그리기 등을 시키는 이유도 따지고 보면 아이의 소근육을 발달시키기 위한 활동이라고 할 수 있다.

소근육이 발달한 사람은 미세하고 정교한 조작 활동을 아주 잘한다. 우리나라 외과 의술이 세계적인 명성을 얻고 있는 이유도 우리나라 의사들이 외국 의사들에 비해 소근육이 발달했기 때문이라고 한다.

글씨 쓰기는 소근육을 발달시킬 수 있는 가장 대표적인 조작 활동이다. 뇌 연구 학자들에 의하면 글씨를 쓰면 손가락을 많이 움직이게 되는데, 그로 인해 미세 신경이 발달하여 소뇌와 균형감각, 운동중추가 고루 발달한다고 한다. 따라서 손 글씨를 많이 쓰는 사람이나 젓가락을 사용하는 사람은 그렇지 않은 사람보다 뇌의 운동중추와 대뇌가 훨씬 발달한 모습이 관찰된다고 한다.

또한 글씨를 정성스럽게 쓰다 보면 인내심과 집중력이 높아진다. 마음이 흐트러져 있거나 흥분된 아이들에게 자리에 앉아서 글씨를 쓰도록 하면 이내 마음을 가라앉히고 차분해지는 모습을 볼 수 있다. 그뿐만 아니라 어떤 아이들은 시간이 다 되어서 그만하라고 해도 글씨 쓰기를 더 하면 안 되느냐고 이야기하기도 한다. 왜 글씨 쓰기를 계속하고 싶으냐고 물으면 왠지 마음에 평화가 찾아오는 느낌이라고 말한다. 글씨 쓰기의 힘을 아이들도 체감하는 것이다. 초등학교 국어 교과서의 보조 교재인 『국어 활동』에는 1학년부터 4학년까지 글씨 쓰기를 연습할 수 있는 지면들이 상당히 할애되어 있다. 5학년과 6학년은 국어 교과서 뒷부분에 '글씨 쓰기'라는 제목으로 지면이 할애되어 있으므로 이를 활용하면 좋다.

글씨를 정갈하게 쓰는 아이들은 주변 정리도 잘하는 편이고, 집중력이 좋으며 맺고 끊음이 확실하다. 반면에 글씨를 엉망으로 쓰는 아이들은 주변이 어수선하고 집중력과 인내심 매우 떨어진다는 특징이 있다. 이는 곧 글씨 쓰기가 얼마나 정서와 밀접한 관련성이 있는지를 알려주는 방증이다.

1학년

2학년

3학년

4학년

5학년

6학년

글씨 쓰기 연습 페이지가 포함된 초등학교 학년별 국어 활동 및 국어 교과서

148

바른 글씨 쓰기 훈련

1학년 아이들에게 글씨를 가르치면서 가장 애를 먹을 때가 언제인지 아는가? 바로 잘못된 자세를 바로잡아줘야 할 때이다. 연필을 잡긴 하는데 손가락 사이에 끼우는 아이가 있는가 하면 주먹손으로 잡는 아이도 있다. 연필 잡는 것부터 글씨 쓸 때의 자세에 이르기까지 잘못된 습관을 잡아주다 보면 등에서 진땀이 흐른다. 차라리 글씨 쓰기를 전혀 배우지 않고 들어온 아이를 가르치기가 훨씬 수월하다. 그리고 이런 아이들이 오히려 잘못된 글씨 쓰기 습관을 들인 아이들보다 훨씬 바르고 또박또박 글씨를 쓰는 것을 보곤 한다.

글씨 쓰기를 처음에 올바르게 배우지 않은 아이들은 자음 모음 쓰는 순서를 잘 모르거나 알고 있더라도 순서를 무시하고 자기 편한 대로 쓰는 일이 예사이다. 또한 글자의 모양에 균형감이 없다. 글씨 쓰는 방법은 처음부터 제대로 바르게 배워야 한다. 그렇지 않으면 글씨를 또박또박 잘 쓰기가 어렵다.

바른 자세로 글씨 쓰기

아이들 중에 글씨를 쓸 때 책상에 엎드리거나 다리를 꼬거나 심지어 몸을 좌우로 흔들대다가 바닥에 의자와 함께 넘어지는 경우도 있다. 바른 글씨 쓰기는 바른 자세에서 시작된다. 글씨를 쓸 때의 바른 자세는 연필을 꽉 쥐고 가슴을 쫙 펴고 허리를 쭉 펴는 것이다. 일명 '꽉-쫙-쭉 자세'이다. 그다음 엉덩이를 의자에 바짝 붙이고 앉아서 왼손과 오른손 모두를 책상 위에 올려놓는다. 우리는 흔히 글씨를 쓰는 손만 중요하다고 생각하는데 그렇지 않다. 오히려 글씨를 쓰지 않는 반대쪽 손이 제 역할을 해주어야 반듯하게 글씨를 쓸 수 있다. 글씨를 쓰지 않는 손으로는 공책을 살며시 눌러줘서 공책이 흐트러지지 않도록 잘 잡아줘야 바른 글씨를 쓸 수 있다.

반드시 연필로 쓰기

가끔 저학년 아이들 중에 볼펜이나 샤프펜슬로 글씨를 쓰는 경우가 있다. 이는 글씨체를 망가뜨리려고 작정한 것이나 다름없다. 샤프펜슬이나 볼펜은 연필보다 훨씬 적은 힘으로도 글씨를 쓸 수 있고 편리하기 때문에 아이들 입장에서는 연필보다 볼펜이나 샤프펜슬을 선호한다. 특히 아이들은 샤프펜슬을 좋아한다. 3, 4학년만 되어도 대부분 아이들이 샤프펜슬을 사용한다. 하지만 샤프펜슬이나 볼펜은 1, 2학년 아이들이 글씨 쓰기에 적당한 필기구가 아니다. 깎아주기가 번거롭더라도 초등학교 때까지는 연필을 사용하게 하는 편이 아이의 바른 글씨체를 위해서 바람직하다.

연필 쥐기

글씨를 쓸 때, 앉는 자세 다음으로 중요한 것이 연필 쥐는 방법이다. 올바르게 연필 쥐는 방법은 엄지와 검지가 서로 마주 보게 한 뒤 연필을 그 사이에 두고 단단하게 쥔 다음, 연필을 중지의 맨 끝마디 위에 올려놓으면 된다. 그러나 실제로 교실에서 아이들이 연필을 쥔 모습을 살펴보면 그 모습이 그야말로 천차만별이다. 오히려 연필을 제대로 쥔 아이들을 찾기가 어려울 정도이다. 문방구에 가면 연필 쥐는 방법을 교정해주는 삼각형 모양의 홀더를 판매한다. 아이의 연필 쥐는 모습이 바르지 않다면 손 모양이 교정될 때까지 이 홀더를 활용하는 것이 좋다.

네모 칸 공책 활용

글씨 모양이 많이 흐트러져 있는 아이들은 가급적 네모 칸 공책에 글씨를 쓰게 하는 것이 좋다. 많은 부모들이 네모 칸 공책은 1학년 때 잠시 쓰다가 안 쓰는 줄로 알고 있는데 그렇지 않다. 네모 칸 공책 중에서도 칸 안에 가로세로로 보조 실선까지 그려져 있는 공책이 아이의 글씨 쓰기에 좀 더 많은 도움이 된다. 잘 쓴 글씨를 보여주고 그 글씨를 그대로 베껴 쓰기 하는 방식으로 하루에 20분 정도 글씨 쓰기 훈련을 시키면 한두 달 후에는 아이의 글씨가 한결 반듯해진 모습을 볼 수 있을 것이다.

글자의 자형字形에 맞게 쓴다

글씨를 쓸 때 가장 중요한 점은 상하좌우 균형을 맞추는 것이다. 균형만 잘 맞아도 잘 쓴 글씨처럼 보인다. 특히 한글은 글자마다 글자 특유의 자형이 있는데, 글자의 자형에 맞게 쓰면 글씨가 한껏 더 멋스럽게 보인다. 예컨대 '어', '여', '아', '야' 같은 글자는 ◁모양, '웅', '를', '금' 같은 글자는 □모양, '오', '고', '요' 등은 △모양, '우', '유' 등은 ◇모양을 닮았다. 자형에 따라 쓰는 방법이 다른데, 글씨를 예쁘게 잘 쓰려면 글자의 자형이 잘 드러나도록 써야 한다.

손의 조작 능력을 향상시키는 놀이 시키기

글씨를 흘려 쓰는 아이들은 대체로 손에 악력이 부족하다. 이런 아이들은 손의 악력을 높여주고 미세한 조작 능력을 높여주는 것이 해결책이다. 악력과 손가락 조작 능력을 높여주는 놀이로 대표적인 것이 콩알 옮기기이다. 그릇에 콩알 100개 정도를 담아놓고 젓가락으로 콩을 집어 빈 그릇에 옮겨 넣게 하면 된다. 이 놀이는 집중력 향상에도 좋을 뿐만 아니라 아이들이 게임으로 여기기 때문에 재미있어 한다. 부모가 조금 더 정성을 발휘할 수 있다면, 타이머로 아이의 기록을 재주면서 해도 좋다. 아이가 더욱 열의를 가지고 놀이에 참여할 것이다. 종이접기 역시 손의 조작 능력을 향상시키는 데 많은 도움이 된다.

글씨 쓰기 교재 활용하기

시중에는 탁월한 편집과 예쁜 디자인의 글씨 쓰기 교재가 다양하게 나와 있다. 마음에 드는 것으로 한 권 구입해서 아이가 공부를 하기 전에 10분 정도 글씨 쓰기 연습을 하며 워밍업을 하도록 하는 것도 좋다. 마음도 차분해질 뿐만 아니라 집중력이 생겨서 이후 공부를 하는 데 많은 도움이 된다. 『국어 활동』을 활용하는 것도 방법이다. 『국어 활동』은 국어 교과서의 보조 교재인데, 학교 수업 시간에는 시간이 없어서 거의 제대로 활용하지 못할 때가 많다. 『국어 활동』을 보면 단원마다 혹은 책의 맨 뒤쪽에 부록처럼 글씨 쓰기 연습을 할 수 있도록 정리가 잘 되어 있다. 고학년이라도 해도 글씨 연습이 필요한 아이라면 1, 2학년의 『국어 활동』을 구입해서 글씨 연습을 시켜도 좋다.

부모가 먼저 글씨 바로 쓰기

아이의 글씨는 누구의 글씨를 닮을까? 아이가 엄마와 아빠의 생김새를 닮듯이 아이의 글씨는 부모의 글씨를 닮기 마련이다. 아이가 글씨를 처음 배울 때 가장 많이 보는 글씨가 부모의 글씨이기 때문이다. 따라서 아이가 글씨를 잘 쓰길 바란다면 부모가 먼저 글씨를 또박또박 써야 한다. 매번 글씨를 정갈하게 쓸 수 없다면, 최소한 자녀가 보게 되는 글씨만큼은 정성을 들여서 써야 한다. 자녀에게 처음 글씨 쓰기를 가르칠 때, 자녀에게 편지나 메모를 건넬 때, 자녀의 연락장 등에 글씨를 쓸 때에는 각별히 신경을 써서 쓰도록 하자.

15

놀이의 법칙
놀이가 곧
공부이다

2학년 아이들에게 학년말에 그동안 배운 것 중 가장 기억에 남는 활동을 적어보라고 했더니 상당수 아이들이 '비석치기'를 적어냈다. 한 아이는 비석치기가 기억에 남은 이유를 이렇게 적었다.

'친구들과 비석치기 하는 게 너무 너무 너무 재미있었어요. 좋은 거 가르쳐줘서 감사합니다.'

필자 생각에는 수학 공부나 책 읽어주기 등을 적는 아이들이 많지 않을까 싶었는데 그 예상은 보기 좋게 빗나갔다. 사실 아이들에게 비석치기를 가르쳐줬던 것은 아이들이 하기에 마땅한 놀이가 없어 보여서, 좁은 공간에서도 할 수 있는 전래놀이에는 뭐가 있을까 고민하다가 알려준 것이었다. 그 놀이가 아이들의 기억에 가장 많이 남았을 줄은 몰랐다.

그런데 가만히 생각을 더듬어보니 아이들에게 비석치기를 가르쳐 준 뒤로, 쉬는 시간이나 점심시간에 틈만 나면 아이들이 교실 앞뒤에서 비석치기를 하던 통에 귀청이 떨어지던 기억이 떠올랐다. 상대방의 비석을 쓰러뜨렸을 때 아이들이 내지르던 함성 소리, 쓰러뜨리지 못했을 때의 탄식이 귓가에 다시 쟁쟁하게 울려 퍼졌다. 놀이를 할 때만큼은 아이들이 너나없이 생기가 가득하다.

아이들은 노는 것을 참 좋아한다. 아이들이 학교생활 중 가장 좋아하는 시간은 쉬는 시간과 점심시간이다. 자유롭고 신나게 놀 수 있기 때문이다. 심지어 아이들 중에는 점심을 제대로 안 먹거나 대충 먹는 아이들도 있는데 대부분 '놀고 싶어서' 밥은 뒷전인 경우들이다.

아이들이 교사로부터 제일 받기 싫어하는 벌이 쉬는 시간을 빼앗는 벌이다. '쉬는 시간을 뺏기느니 죽음을 달라' 하는 식의 태도를 보이는 아이들을 보고 있노라면 아이들에게 놀이가 얼마나 중요한 일인지 알 수 있다. 3학년 담임을 맡았을 때 학급의 한 남자아이가 장래 희망 칸에 '노는 사람'이라고 적은 것을 본 적이 있다. 이유를 물으니, "커서 실컷 놀아보고 싶어서요"라고 대답해서 큰 인상을 받았다. 아이와 놀이는 떼려야 뗄 수 없는 관계이다. 만약 어떤 아이가 노는 것을 싫어한다면 그 아이는 분명 정신적·육체적으로 이상이 있는 아이일지 모른다.

아이들에게는
놀이가 공부이다

부모들 중에 아이가 노는 것은 시간 낭비라고 생각하는 사람들이 많다. 그래서 노는 시간을 줄여서 학원을 보내고 공부를 시키는 편이 아이를 위해서 훨씬 나은 방법이라고 생각한다. 하지만 절대 그렇지 않다.

사실 필자도 놀이의 중요성을 교사가 되고 나서 한참이 지난 후에야 깨달았다. 그전에는 놀이를 그저 시간을 재미있게 보내는 활동 정도로만 생각했지 싶다. 하지만 오랫동안 아이들을 가르치다 보니 절대 그렇지 않다는 사실을 알게 되었다. 놀이는 아이들이 시간을 즐겁게 보내면서 소일하는 정도의 활동이 아니다. 아이들에게 놀이는 그 자체가 공부이자 인생이다. 옛말에 '아이들은 놀면서 큰다'라는 말이 있는데, 이 말을 나는 '아이들은 놀아야만 제대로 클 수 있다'로 바꾸고 싶다.

우선 놀이는 아이들의 건강과 직결된다. 아이들의 놀이는 많은 신체 활동을 수반한다. 축구처럼 대근육을 쓰는 놀이에서부터 종이접기처럼 소근육을 사용하는 놀이에 이르기까지 놀이에 따라 사용되는 신체 부위가 다양하다. 놀이는 아이들의 체력을 향상시켜줄 뿐만 아니라 근육도 발달시킨다.

2008년 캐나다 워털루대 연구진들은 집에서 1km 반경 이내에 놀이터가 있는 곳에 사는 아이가 그렇지 않은 아이보다 5배 더 건강하다는 사실을 밝혀낸 바 있다. 이 연구 결과는 놀이가 아이의 건강과 얼마나 밀접한 상관관계가 있는지 잘 보여준다.

놀이에는 수많은 조작 활동이 수반된다. 예컨대 아이가 딱지치기를 한다고 치자. 딱지치기를 하려면 우선 딱지를 직접 만들어야 한다. 딱지를 접기 위해서는 종이 마름질부터 시작해야 한다. 이 과정에서 칼질이나 종이접기와 같은 조작 활동이 수반되기 마련이다. 이런 조작 활동들은 자연스럽게 아이의 두뇌를 발달시킨다.

제대로 놀지 않은 아이들은 조작 능력이 굉장히 많이 떨어진다. 간단한 가위질이나 풀칠도 못하는 아이들이 수두룩하다. 칼질이라도 시키면 칼등으로 종이를 자르려고 하면서 종이가 잘 안 잘린다고 이내 포기하는 아이들도 있다. 심지어 3, 4학년임에도 불구하고 우유갑조차 혼자서 뜯지 못하는 아이들도 적지 않다. 조작 활동이 미숙한 아이들은 수업 시간에 조작 활동이 많이 들어간 활동을 시키면 이내 포기해버리거나 교사에게 계속 도움을 요청한다. 이처럼 간단한 조작 활동조차도 시간을 내서 따로 배워야 하는 이상한 일들이 벌어지는 원인은 아이들이 제대로 놀지 않았기 때문이다.

요즘 아이들 중에는 주의가 산만한 아이들이 많다. 주의 집중력이 낮은 이유는 여러 가지가 있겠지만 충분히 놀지 않았기 때문에 주의 집중력이 부족한 경우도 많다. 놀이는 높은 주의 집중력을 요한다. 혹자는 노는 데 무슨 주의 집중력이 필요하냐고 반문할지도 모른다. 하지만 사실이 그렇다. 놀이는 어려운 수학 문제를 풀 때만큼이나 높은 주의 집중력을 필요로 한다.

모든 놀이에는 규칙이 있기 마련이다. 놀이에서 이기기 위해서는 상대방이 규칙을 잘 지키는지, 혹시 반칙을 하지는 않는지 유심히 관찰해야 한다. 자신도 규칙을 잘 지켜가며 놀이에 참여해야 한다. 예컨대 고무줄놀이를 한다고 치자. 상대방이 고무줄을 밟아야 할 곳에서 제대로 밟았는지, 밟지 않아야 할 곳에서 고무줄을 밟지는 않았는지, 순서는 제대로 지켜가면서 했는지 등 수많은 놀이 규칙을 신경 쓰면서 상대방을 뚫어져라 응시해야 한다. 이렇게 놀이를 통해 향상된 집중력은 공부할 때나 삶의 현장에서 발휘된다. 잘 놀 줄 아는 아이가 자연스레 공부도 잘하게 되는 비결이 여기 숨어 있다.

놀이는 사회성 발달에 꼭 필요하다

교우 관계는 아이의 학교생활을 좌우하는 중요한 요소이다. 그런데 날이 갈수록 많은 아이들이 친구들과 사이좋게 지내기를 어려워한다. 짐작건대 출산율 저하로 인해 형제자매가 많지 않거나 혹은 외동인 경우가 많아 가정 내에서 양보와 타협을 배울 기회가 줄어들었기 때문이 아닐까 싶다. 저학년 담임을 하는 경우에는 아이들이 아주 사소한 문제로도 친구와 다툴 때가 많아서 이를 중재하고 해결해주느라 하루가 모자랄 때도 많다.

놀이는 아이로 하여금 사회성을 발달시켜준다. 사회성이 없는 아이들은 애초에 놀이에 잘 참여할 수도 없다. 사회성이 발달하기 위해서는 기본적으로 의사소통이 잘 이루어져야 한다. 의사소통은 말하기와 듣기가 원활하게 이루어져야 가능하다. 국어 교과를 배울 때 듣기와 말하기를 수도 없이 배우지만, 이 배움이 실생활에서 제대로 활용되는 때는 친구들과 놀이를 할 때이다.

놀이를 하다 보면 예기치 않은 상황이 수도 없이 발생한다. 편을 갈라야 한다든지, 게임의 규칙을 정해야 한다든지, 상대방이 정한 규칙을 어겼다든지, 누군가가 순서를 지키지 않았다든지 등 문제를 해결해야 하는 상황이 발생한다. 이때 문제를 해결하는 도구로서 대화가 필요하다. 대화를 통해 친구들과 소통하고 타협을 해나가야 한다. 대화가 잘되지 않았을 때에는 언쟁이 나기도 하고 때로는 싸움에 이르기도 한다. 이 과정에서 자기주장만 내세우거나 소리를 질러대는 아이들은 이후에 친구들이 놀이에 끼워주지 않는다. 이런 경향이 심해지면 왕따가 되기도 한다.

아이는 놀이를 하면서 겪는 이와 같은 경험들을 통해 자연스럽게 말하기와 듣기 능력을 터득한다. 어떻게 말해야 상대방의 기분이 상하지 않는지, 친구를 설득하려면 어떻게 말해야 하는지 등을 배운다. 또한 자기주장만 하면 안 된다는 사실, 다른 사람의 말에도 귀를 기울여야 한다는 사실도 깨닫는다. 게임 규칙을 정할 때 제대로 듣지 않으면 게임에서 질 수도 있다는 사실을 경험하기도 한다.

이처럼 아이들은 놀이하는 과정에서 대화의 기술과 묘를 습득한다. 친구들과 부대끼며 놀이를 자주 해본 아이들은 자연스럽게 말하기 듣기 능력과 공감 능력이 발달하게 된다. 그뿐만 아니라 관계의 기술도 발달시켜나간다. 이 모든 능력들은 사회성 발달의 중요한 요소들이다.

놀이는 전략적 사고를
가능하게 한다

놀이를 많이 해본 아이는 어려운 문제가 생겨도 쉽게 포기하지 않는다. 놀이를 많이 해본 아이는 어떤 문제에 봉착했을 때 '내가 한번 도전해서 해결해봐야지' 하며 진취적이고 적극적으로 상황을 받아들인다. 이렇게 도전적이고 적극적인 방향으로 생각을 잘하는 아이들은 전략적 사고력도 뛰어나다.

전략적 사고력이란 어떤 문제를 해결하기 위해 나름의 계획을 세우고 실행해보는 과정 중에 터득되는 일종의 문제해결력이라고 할 수 있다. 전략적 사고력이 뛰어난 아이는 만일 자신이 세운 계획에 의해 문제가 해결되지 않았을 경우, 다시 반성적 사고를 거쳐 계획을 수

정하고 재차 실행한다. 전략적 사고력은 사고력 중에서도 높은 수준의 사고력이다.

전략적 사고력은 어려운 수학 문제를 풀거나 사회 조사 학습 같은 과제를 하면서도 향상될 수 있다. 하지만 놀이를 통해서도 얼마든지 전략적 사고력을 높일 수 있다. 전략적 사고를 하지 못하면 놀이에서 매번 질 수밖에 없기 때문이다.

아이들에게 비석치기를 가르쳐줬을 때에도 전략적 사고를 할 줄 아는 아이와 그렇지 못한 아이는 승패에서 눈에 띄게 차이가 났다. 상대의 비석을 잘 쓰러뜨렸던 아이들은 자신의 비석에 얼마만큼의 힘을 실어서 어떻게 던져야 하는지를 생각하면서 던졌다. 그뿐만 아니라 비석을 던졌을 때 제대로 명중하지 않았다면 자신이 비석을 던지면서 무엇을 잘못했는지를 되돌아보고 다음에 비석을 던질 때에는 다른 방식으로 비석 던지기를 했다. 하지만 전략적 사고 없이 처음부터 끝까지 비석을 대충 내팽개치며 던진 아이들은 비석치기에서 이기지 못했다.

전략적 사고의 부재로 인한 차이는 놀이에서만 끝나지 않는다. 공부할 때에도 전략적 사고를 하지 못하는 아이들은 어려운 문제가 눈앞에 나타나면 문제 풀기를 이내 포기해버리거나 제대로 된 해결 전략을 세우지 못해 정답을 맞히지 못하곤 한다.

친구들과 어울려서 많이 놀아본 아이는 전략적 사고에 능하다. 문제가 무엇인지를 빨리 알아채고 그 문제를 어떻게 풀면 좋을지를 다양한 각도에서 생각해 해결책을 제시할 줄 안다. 놀이를 하는 도중 친구들 사이에서 어떤 문제가 발생했을 때 중재자 역할도 능히 감당한다. 만일 자기가 생각한 대로 문제가 해결되지 않았다고 할지라도 금세 포기하지 않고 다른 대안을 생각해낼 줄 안다. 이런 전략적 사고력은 책상물림 공부만으로는 얻을 수 없는 귀한 능력이다.

놀이에서도 부모의 역할이 중요하다

"엄마, 30분만 더 놀고 가면 안 돼?"

학교 수업이 끝나면 핸드폰을 켜고 엄마와 이런 대화를 나누는 아이들이 유독 많다. 엄마의 허락이 떨어진 아이들은 환호성을 지르지만, 엄마의 허락이 떨어지지 않은 아이들은 어깨를 축 늘어뜨리며 교문을 나서곤 한다.

2017년 한국교육과정평가원이 전국 10개 초등학교의 727명 학생들을 대상으로 설문 조사를 한 결과, 학교에서 놀이 시간이 충분하다고 느끼는 학생은 46%뿐이었다. 절반 이상의 아이들이 놀이 시간이 부족하다고 느꼈다고 한다.

아이들의 하루 일과 중에서 놀이는 우선순위에서 몇 번째일까? 아마도 학원 가기, 책 읽기, 숙제하기, 학습지 풀기, 레슨 등의 활동이 모두 다 끝난 후에 시간이 나야만 겨우 놀 수 있지 않을까 싶다. 하지만 이런 식으로 해야 할 일들을 다하고서야 놀 수 있다면 아이는 영영 제대로 놀 시간을 가질 수 없다.

하지만 아이의 스케줄을 짤 때, 충분히 놀 수 있는 시간을 마련해주는 것을 우선순위로 해서 아이의 일과를 계획해야 한다. 놀이 시간은 아이의 삶에 숨구멍 같은 역할을 한다. 숨구멍이 막히면 숨을 쉴 수 없어 답답해지듯, 아이의 일과에서 충분한 놀이 시간이 확보되지 않으면 아이의 삶은 짜증으로 가득해지기 쉽다.

놀이를 할 때에는 엄마보다 아빠의 역할이 중요하다. 아이들은 엄마와 노는 것보다는 아빠와 노는 것이 훨씬 재미있다고 말하곤 한다. 왜 그럴까? 엄마들은 놀이를 할 때 규칙대로 놀아주는 경향을 보인다. 반면에 아빠들은 규칙을 따르긴 하지만 어느 순간 그 규칙을 무시하거나 불규칙하게 바꿈으로써 아이에게 놀라움을 선사한다. 또한 엄마보다는 아빠와 놀 때 더욱 적극적으로 몸을 사용해서 놀 수 있다. 놀이기구에 비유하자면 엄마와의 놀이가 바이킹 타기라면, 아빠와의 놀이는 청룡 열차 타기이다.

호주 뉴캐슬대 연구팀은 아빠의 과격한 신체 놀이가 아이에게 미치는 영향을 연구한 바 있는데, 연구 결과에 따르면 아빠와 신체 놀이를 많이 한 아이일수록 감정과 생각을 조절하는 능력이 뛰어날 뿐만 아니라 공격성도 현저히 줄어들었다고 한다. 아빠들의 어깨가 무거워지는 대목이다.

아빠들이여! 퇴근 후 아이와 레슬링을 한판 해보는 것은 어떨까? 아이는 아빠와 레슬링을 하면서 세상을 둘러치고 메칠 수 있는 자신감과 용기를 배울 수 있을 것이다. 회사 일과의 씨름은 내일 출근해서 해도 큰일이 벌어지지 않는다. 하지만 사랑하는 내 아이는 하루가 다르게 부쩍부쩍 성장한다. 아이와 함께할 수 있을 때 신나게 몸으로 놀아주자. 혹시 아이를 데리고 남들처럼 해외여행 한 번 제대로 못 갔다고 자책하는 아빠가 있다면, 이 사실을 꼭 기억했으면 좋겠다. 아이는 진짜 비행기보다 아빠가 몸으로 태워주는 비행기를 훨씬 즐거워할지도 모른다는 사실 말이다.

16

정리의 법칙

정리는 공부할 때 넛지 효과를 제공한다

미 해군 특수부대인 네이비 실Navy SEAL에서 37년간 복무하고 퇴역한 윌리엄 맥레이븐William McRaven 제독은 자신의 모교인 미국 텍사스대 졸업 연설에서 '세상을 변화시키고자 한다면 침대 정리부터 똑바로 하라'는 메시지의 명연설을 한 바 있다. 그에 따르면 매일 아침마다 침대 정리라는 작은 과업을 성실히 완수해내면 이 사소한 행동이 우리에게 뿌듯함을 선사함과 동시에 그다음 일과를 수행해나갈 용기를 건네준다고 한다. 그는 사소한 정리 정돈 습관이 몸에 배면 나아가서는 세상을 바꾸는 사람이 될 수 있다고 역설했다. 지극히 맞는 말이다.

학교 현장에서 매년 30명에 가까운 아이들을 맡아 지도하다 보면 별의별 아이들을 만나게 된다. 그중에서도 교사를 가장 힘들게 하는 아이들은 자기 자리를 정리할 줄 모르는 아이들이다. 이런 아이들의 책상 위에는 해당 수업 시간에 필요한 교과서와 필통 외에 모든 교과서가 총출동해 널브러져 있다. 책상 위만 어수선한 것이 아니다. 책상 속도 기가 막힌다. 한 달 전에 배부한 가정통신문이 꼬깃거려진 채 처박혀 있는 것은 물론이고, 갖은 잡동사니로 책상 속이 터져나가기 일보 직전이다. 사물함도 마찬가지이다. 물건을 꺼내려고 사물함 문을 열면 온갖 것들이 뒤죽박죽 섞여서 와르르 쏟아지곤 한다.

매년 학급에는 이렇게 정리 정돈을 할 줄 모르는 아이들이 서너 명씩 꼭 있다. 이런 아이들이 한두 명만 있어도 교사는 진이 빠진다. 아이들도 정리 정돈을 못하는 친구를 썩 좋아하지 않는다. 혹여나 그런 아이와 짝꿍이라도 되면, 자신이 피해를 보는 일이 생기기 때문이다. 정리 정돈 못하는 아이는 학교에서 여러 사람들에게 불편을 끼친다.

정리는 공부할 때 넛지 효과를 제공한다

'넛지Nudge'라는 말을 들어본 적이 있는가? 이 말은 본래 '살짝 자극한다', '살짝 밀어준다'라는 의미인데, 행동심리학에서 '타인의 좋은 행동을 유도하기 위해 살짝 개입하는 상황'을 일컫는 용어로 쓰인다.

남자 화장실 소변기에 파리 모양의 스티커를 붙여놓았더니 '화장실을 깨끗하게 사용하시오'라는 문구를 써놓았을 때보다 훨씬 더 깨끗하게 사용했다는 이야기는 넛지의 효과를 알려주는 가장 대표적인 사례이다. 넛지를 잘 활용하면 비용과 에너지를 크게 들이지 않으면서도 큰 변화를 이끌어낼 수 있다.

아이의 공부에 있어서 '정리'는 일종의 넛지로 작용한다. 아이가 공부하는 환경, 이를테면 공부방이나 책상 위가 깨끗이 정돈됨으로써 아이의 공부 습관과 생활 습관이 좋은 방향으로 변화할 수 있기 때문이다.

우리가 세상을 받아들이고 이해할 때, 가장 큰 영향을 미치는 감각은 시각이다. 시각이 인간의 사고와 판단에 영향을 미치는 비중은 전체 감각의 70% 이상을 차지한다고 한다. 그런 맥락에서 우리가 자주 보게 되는 주변 환경과 자주 접하게 되는 물건들의 영향은 엄청나다고 할 수 있다. 공부할 때에도 마찬가지이다. 공부방이 지저분할수록 집중도 잘 안 되고, 기억력도 떨어진다. 그뿐만 아니라 쉽게 피로감을 느껴 침대에 눕고 싶은 유혹을 물리치기가 어려워진다. 반면에 주변이 깔끔하게 잘 정리되어 있으면 집중력도 좋아지고 기억력도 상승한다.

문제를 해결할 때 필요한 능력 중 하나는 나에게 주어진 정보 중에서 필요한 정보와 그렇지 않은 정보를 구별해내는 능력이다. 정리를 잘하는 사람들은 선별 능력이 뛰어나다. 덕분에 어떤 물건의 본질을 제대로 파악해서 계속 필요하겠다는 판단이 들면 그 물건의 쓰임새에 걸맞은 장소에 물건을 가지런하게 정리해둘 줄 안다. 만일 쓸데없는 잡동사니라는 판단이 들면 과감하게 내다버릴 줄도 안다. 어지럽고 복잡한 상황을 보기 좋게 단순화 시킬 줄 아는 것이다. 이런 측면에서 정리는 창의성이 요구되는 작업이기도 하다.

혹자는 정리하는 행위를 자칫 강박적인 행동으로 여겨서 정리를 열심히 하면 오히려 경직된 사고를 하게 되는 것은 아닐지 걱정하기도 한다. 하지만 우려와는 달리 정리는 그 반대의 효과를 불러일으킨다. 정리는 유연한 사고를 길러주고 창의성을 높여준다. 정리를 잘하는 사람은 무질서한 상태를 자기 나름의 규칙을 적용해서 질서 있는 상태로 바꿀 줄 안다. 정리를 잘하는 사람은 책상 정리를 할 때에도 그냥 정리하지 않는다. 자기의 취향을 제대로 파악해서 그에 맞춰 공간을 재편성한다. 필요에 따라서는 기존에는 없던 수납공간을 새롭게 만들어서 물건들을 보기 좋게 정돈해 보관하기도 한다. 정리를 하다 보면 유연하고 창의성 있는 사고를 할 수밖에 없다.

정리를 잘해야
뇌도 시간도 정리된다

전기를 읽어보면 동서고금을 통틀어 모든 위인들은 대부분 규칙적인 생활을 했다. 마치 물건을 제자리에 두듯이 매일 해야 할 일을 정해놓고 꾸준히 실천했던 것이다. 덕분에 역사에 길이 남는 업적을 세울 수 있었으리라. 만약 이들이 매일의 일과를 쓸데없는 일로만 채웠다면 과연 오늘날 위인전의 주인공이 될 수 있었을까?

수업 시간에 자나 지우개 같은 학용품을 쓸 일이 생기곤 한다. 그때 정리를 잘하는 아이들은 필통이나 가방에서 필요한 물건을 뚝딱 꺼내어 쓴다. 반면에 정리를 잘 못하는 아이들은 지우개 하나를 찾는 데에 수업 시간을 온통 허비한다. 물건을 찾느라 여기저기를 들추는 동안 달그락대는 소리가 교실을 메운다. 자연스레 교사와 다른 아이들의 눈총이 쏠릴 수밖에 없다. 필요한 물건을 겨우 찾았다 한들 이미 그 물건이 필요한 활동은 끝나고 다른 활동이 시작되었거나 수업이 끝나버린다.

정리를 잘하면 실제로 많은 시간을 아낄 수 있다. 영국의 한 보험회사가 영국 성인 남녀 3,000명을 대상으로 조사한 결과, 많은 응답자들이 물건을 찾는 데 매일 10분 이상의 시간을 낭비하는 것으로 나타났다고 한다. 10분이라는 시간이 짧게 느껴지겠지만, 일주일로 따지면 1시간 이상을 허비해버리는 꼴이다. 물건 정리만 해도 일주일에 1시간을 의미 있는 시간으로 활용할 수 있다.

컴퓨터 기술이 발달하고 정보사회화가 가속될수록 정리 정돈의 힘은 더욱 많이 요구된다. 단순하게 생각하면 과학기술이 발달하면 대부분의 단순하고 반복적인 일들은 컴퓨터가 처리해주니 인간의 삶이 한층 더 편리해질 것만 같다. 하지만 실상은 우리의 짐작과 전혀 다르다. 한 연구 결과에 의하면 2011년, 한 명의 미국인이 하루에 처리하는 정보량은 1981년에 비해 5배나 증가했다고 한다. 이는 종이신문 175부에 해당하는 정보량이다. 물건을 구입할 때에도 1976년에는 9,000여 종의 상품 사이에서 고민했지만, 이제는 4만여 종의 물건들 사이에서 무엇을 살지 고민해야 하는 실정이라고 한다.

이처럼 컴퓨터가 발달하고 정보사회화가 진행될수록 우리의 뇌는 홍수처럼 밀려드는 정보량에 점점 혹사당하는 것이 현실이다. 이럴 때 가장 절실한 능력이 정리 정돈 잘하는 능력이다.

창고에 물건을 보관할 때를 생각해보자. 물건들을 아무렇게나 쑤셔 넣으면 창고에 조금밖에 넣을 수 없다. 하지만 계획적으로 정리 정돈을 잘하면 아무렇게나 막 넣었을 때보다 서너 배 이상 더 많은 물건을 보관할 수 있다. 우리의 뇌도 마찬가지이다. 수없이 쏟아지는 정보들을 잘 선별하여 정리해서 저장하면 훨씬 많은 정보를 기억할 수 있다. 혹자는 머릿속 정리와 일상에서 정리를 잘하는 것이 무슨 상관관계가 있느냐고 반문할지 모른다. 하지만 매우 밀접한 관련이 있다. 내 눈앞의 펼쳐진 주변 정리를 제대로 못하는 사람은 머릿속도 뒤죽박죽이라는 사실을 꼭 기억하자.

정리 잘하는
아이로 키우는 법

정리 정돈할 줄 아는 능력은 아이가 성장하면서 자연스럽게 습득할 수 있는 능력이 아니다. 엄마가 매번 아이의 공부방을 정리해주면 아이는 정리의 필요성을 전혀 느끼지 못한다. 정리를 잘하는 아이로 키우기 위해서는 오랜 시간과 인내, 그리고 지속적인 훈련이 필요하다.

물건의 제자리 알려주기

먼저 정리 정돈을 잘하게 만들려면 물건의 제자리를 알아야 한다. 초등학교 저학년 아이들에게 수업이 끝나면 교사가 늘 하는 말이 있다.

"자기가 쓴 물건은 제자리에 갖다 놓으렴."

교사의 이 말에 대부분의 아이들은 자신이 사용한 가위, 풀, 색연필 등을 금방 제자리에 갖다 놓는다. 이런 일사불란한 정리가 가능한 이유는 교실에서는 가위, 풀, 색연필 등의 제자리가 애당초 정해져 있기 때문이다. 그런데 가정에서는 학교에서와 상황이 조금 다르다. 물건의 제자리라는 것이 아예 없는 가정도 많다. 이런 집에서는 손톱을 한 번 깎으려면 어디에 있는지 기억이 안 나는 손톱깎이를 찾기 위해 집 안 곳곳을 뒤져야 한다. 물건에는 저마다 제자리가 있어야 한다. 그리고 그 자리는 아이도 알고 있어야 한다. 물건을 썼으면 반드시 그 자리에 둬야 한다는 사실은 어릴 때부터 훈련해야 한다. 그래야만 자연스럽게 정리 습관이 몸에 밴다.

아이와 의논하여 정리 규칙 정하기

정리 정돈을 어떻게 할 것인지에 대해서 자녀와 함께 규칙을 정하는 것이 좋다. 부모가 일방적으로 정해놓은 규칙보다 아이가 함께 참여해서 세운 규칙의 힘이 더 세다. 어떤 물건을 어디에 놓을 것인지, 언제 정리 정돈을 할 것인지, 정리 정돈의 범위는 어디까지인지 등을 아이와 더불어 논의하자. 규칙을 세운 후에는 일관된 태도로 규칙을 지켜야 한다. 아이가 정리 정돈 규칙을 꾸준히 잘 지키는지 점검하자. 이때 부모가 먼저 일관성 있는 태도를 보여줘야 아이도 정리 정돈 습관을 금방 익힌다.

정리하는 방법 상세하게 가르쳐주기

3월 학기 초에 구체적인 안내 없이 아이들에게 책상 속을 정리하라고 하면 중구난방으로 정리하기 십상이다. 어린아이들에게는 "정리해"라는 말이 무의미할 때가 많다. 정리 자체가 무엇인지 모르는 경우가 많기 때문이다. 따라서 정리하는 방법을 세세하게 가르쳐줘야 한다. 책상 서랍 정리는 어떻게 하는지, 책꽂이에 책은 어떻게 꽂아야 하는지, 옷장 정리는 어떻게 하는지, 옷은 어떻게 개는지, 침대 정리는 어떻게 하는지 등 굉장히 구체적으로, 습관이 붙을 때까지 반복적으로 알려줘야 한다.

정기적으로 부모가 정리 정돈 해주기

아이에게 정리 정돈을 무턱대고 맡기지 말고, 정기적으로 부모가
정리 정돈을 한 번씩 해줄 필요가 있다. 아이는 그 정리 정돈 상태를
유지할 수 있게 하는 편이 낫다. 아이가 아무리 정리를 잘한다고 하더
라도, 어른보다는 사고력이나 관찰력이 떨어지기 때문에 제대로 물건
을 분류하고 정리하는 일에 무리가 따른다. 아이의 방이 한번 지저분
해지기 시작해서 그 수준이 어느 적정선을 넘어버리면 아이도 정리
정돈을 포기하기 쉽다. 그러기 전에 부모가 개입하여 정리 정돈된 상
태를 회복해주고 아이에게는 그 상태를 유지하게 한다. 그러면 방 정
리 문제로 부모와 자녀가 충돌할 일이 거의 없다.

정리 정돈된 사진 붙여놓기

부모가 정리 정돈을 한번 대대적으로 해준 다음에는 정리 정돈된
상태의 사진을 붙여주는 방법도 효과적이다. 책상 정리 사진, 옷장
정리 사진, 침대 정리 사진, 장난감 정리 사진 등을 각각의 장소에 붙
여주는 것이다. 그리고 자녀에게는 사진과 같은 정리 상태를 유지해
줄 것을 당부하면 된다. 만약 정리된 상태가 제대로 유지되지 않는
다면, 용돈을 삭감하거나 놀이 시간을 줄이는 등 구체적인 벌을 주
면 된다.

쓰레기 분리수거 시키기

집안일 중에서 정리 습관을 들이는 데 가장 큰 도움이 되는 활동은 쓰레기 분리수거이다. 대다수의 가정에서 이 일을 아빠가 담당한다. 하지만 아이에게 쓰레기 분리수거를 시키는 것도 아이가 정리의 필요성을 절감하고 정리 습관을 들이는 데 유익하다. 쓰레기 분리수거를 하다 보면 분리 배출의 필요성에 적극 공감하게 되고, 제대로 분리하지 않았을 때 생기는 불편함이나 문제점을 몸으로 배우게 된다. 자연스럽게 일상 속에서 정리 정돈을 잘하게 된다.

아이에게 정리 정돈 습관을 들일 때, 부모가 주의해야 할 점도 있다. 많은 부모들이 아이가 정리 정돈을 못하는 것을 단순히 하려는 의지가 부족해서 그렇다고 치부하는 경우가 많다. 하지만 아이들의 정리 정돈 문제는 단순히 의지 부족만이 원인이 아닐 수 있다. 부모에 대한 수동적 반항의 표현으로 정리 정돈을 태만히 할 수도 있기 때문이다. 또는 구조화를 시키지 못해서 정리를 못하는 경우도 많다. 예컨대 장난감을 담아야 하는 곳에 책을 담는다든지, 학용품 서랍에 인형을 넣는다든지 하는 아이들은 분류 구조화가 잘 안 되는 것이다. 이는 습관의 문제라기보다는 뇌 발달의 속도 문제일 확률이 크다. 대개의 경우 분류적 사고력은 초등학교 3학년 정도가 되어야 제대로 발달한다.

정리 정돈이 중요하다고 하니 정리 정돈을 너무 심하게 강조하는 부모들도 있다. 하지만 이 또한 조심해야 할 태도이다. 정리 정돈을 너무 강조하다 보면 오히려 아이가 정리 정돈을 정말 싫어하는 아이가 될 수도 있기 때문이다. 정리 정돈을 가르치다 보면 많은 경우, 아이와 마찰이 생기기 쉽다. 아이의 정리 매무새가 서툴거나, 아이가 정리 좀 하라는 부모의 말을 귓등으로 흘려들으면 부모 입장에서는 답답하거나 화가 나기도 한다. 화가 나면 아이에게 윽박을 지르게 된다. 이렇게 되면 정리 정돈 좀 시키려다가 아이와의 관계 자체가 틀어져 버릴 수도 있다. 그렇게 되면 더 큰 것을 잃게 되는 셈이다. 아이에게 정리 정돈을 가르치거나 시킬 때에는 이 점을 꼭 유념하도록 하자.

중독의 법칙
좋은 것은
중독되지 않는다

아이를 공부하게 만들려면 공부할 수 있는 환경을 조성해줘야 한다. 공부 환경을 조성함에 있어 가장 중요한 것은 공부의 방해물을 제거하는 일이다. 아이의 공부를 방해하는 것들에는 무엇이 있을까? 필자는 여러 방해물 가운데에서도 텔레비전, 컴퓨터, 스마트폰을 꼽고 싶다. 이들은 거의 모든 아이들의 공부를 방해하는 '공부 주적 3인방'이라 부를 만하다. 이 3가지를 제대로 통제하지 못하면 아이는 이 주적들에게 자신의 공부 주권을 넘겨주고 '공부 포기 조약'을 맺게 된다. 공부 포기 조약을 맺는 순간, 아이는 공부를 손에서 떠나보내고 공부 주적 3인방의 앞잡이가 되어서 아무런 희망도 없는 암흑의 시간을 보내게 된다. 부모들로서는 통탄할 노릇이 벌어지는 셈이다. 공부

176

주적 3인방의 압제에서 아이가 하루빨리 독립해야 하건만 아이는 정작 그 암흑의 세상에서 빠져나올 생각조차 하지 못한다. 오호 통재라. 오호 애재라.

우뇌만 자극하고 있는 아이들

텔레비전, 컴퓨터, 스마트폰 등과 같은 영상 매체는 우리의 뇌 중에서도 '이미지 뇌'라고 불리는 우뇌를 자극한다. 요즘 아이들은 영상 매체에 오랜 시간 노출될 수밖에 없는 환경에서 크기 때문에 우뇌가 발달했다. 반면에 상대적으로 좌뇌는 그 기능이 점점 위축되는 중이다. 그런데 상대적으로 우뇌만 자극되다 보면 아이가 생각하기 싫어하고 단순하며 감각적으로 변한다. 또한 좌뇌의 가장 큰 기능 중 하나인 언어능력이 떨어지기 때문에 질문에 대한 대답이 짧아지나 앞뒤가 맞지 않는 말을 많이 하게 된다. 실제로 텔레비전, 컴퓨터, 스마트폰을 자주 보는 아이들은 "몰라요", "그냥요" 같은 말을 자주 한다.

우리나라는 우뇌형 인간이 70% 정도를 차지할 만큼 좌뇌형 인간보다 우뇌형 인간이 훨씬 많은 것으로 알려져 있다. 그런데 이 비율이 앞으로 더욱 심화될 것이라는 우려가 있다. 우뇌가 우세한 사람이 너무 많아지다 보면 사회 전체적으로 비이성적이고 감각적인 문화가 팽배해져 국가적 차원에서도 그다지 바람직하지 않다.

공부는 좌뇌가 발달한 사람에게 유리한 활동이다. 우리가 보통 공부를 한다고 말할 때, 책을 읽고 이해하는 활동을 가리킨다. 공부를 잘하기 위해서는 어휘력이 풍부해야 하고 논리력이 바탕이 되어야 한다. 사정이 이렇다 보니 공부는 좌뇌가 발달한 사람에게 유리한 활동이다. 좌뇌 발달이 잘 이루어지지 않은 아이들은 책을 읽어도 무슨 말인지 도통 이해할 수 없으니 책을 좋아할 리 없다. 또한 선생님 말씀은 마치 자막 없이 보는 외국 영화처럼 들린다. 책을 읽어도 무슨 말인지 모르겠고, 선생님 말씀이 이해되지 않으니 공부를 잘하기란 여간 쉽지 않은 일이다.

우리 어른들은 아이들의 눈을 텔레비전, 스마트폰, 컴퓨터와 같은 영상 매체로부터 구해줘야 할 책임이 있다. 이런 영상 매체들은 중독성이 아주 강하다. 좋은 것은 절대 중독되지 않는다. 나쁜 것일수록 중독성이 강하다. 텔레비전, 컴퓨터, 스마트폰 등과 같은 영상 매체들의 중독성이 강하다는 사실은 이것들이 아이들에게 썩 좋지 않은 것임을 방증한다. 스마트폰이 그렇게 좋은 것이라면 스마트폰을 만든 스티브 잡스Steve Jobs는 왜 자녀에게 스마트폰을 사주지 않고 독서 토론을 하게 했겠는가?

컴퓨터게임으로부터
내 아이 지키기

2019년, 세계보건기구World Health Organization, WHO 정기총회에서 게임 중독을 질병코드로 등재하는 안건을 만장일치로 통과시켰다. 지금까지도 이를 반대하는 게임업계와 지지하는 의료계 사이의 갈등이 만만치 않은 상황이다. WHO에서 제시한 게임 중독의 기준은 3가지이다. 게임을 하고 싶은 욕구를 못 참고 스스로 끝낼 수 없거나, 다른 일상보다 게임을 우선시하거나, 게임 때문에 문제가 생겨도 게임을 중단하지 못하는 경우가 그것이다. 이런 증상이 12개월 이상 지속되어 일상생활에 심각한 지장이 초래된다면 곧 게임 중독이라고 정의를 내렸다. WHO가 제시한 게임 중독을 판단하는 기준이 정확한지 여부도 물론 중요한 문제이다. 하지만 더욱 중요한 사실은 국제사회에서 게임 중독을 질병으로 분류할 만큼 심각한 사회문제로 대두되었다는 사실이다.

　고학년 아이들을 지도하다 보면 자기들끼리 오랫동안 진지하게 이야기를 나누는 모습을 볼 때가 있다. 뭐가 그렇게 심각한가 싶어 이야기에 귀를 기울여보면 대부분은 컴퓨터게임에 관련된 대화인 경우가 많다. 컴퓨터게임 중독에 빠진 아이들은 대부분 남자아이들이다. 이는 컴퓨터게임이 남자아이들의 특성과 들어맞기 때문이다. 컴퓨터게임은 남자 특유의 '사냥 본능'을 대리 만족시켜준다. 게임 속 세상은 온통 경쟁, 사냥, 전쟁, 협력, 전략, 위기 돌파, 즉각 보상 등으로 도배되어 있다. 이런 요소들은 여자아이들보다는 사냥 본능이 내재되어 있는 남자아이들에게 훨씬 매력적으로 다가가는 요소들이다.

컴퓨터게임의 중독성은 심각하다. 컴퓨터게임을 즐기는 아이들은 컴퓨터게임 소리가 귀에서 계속 들리는 것 같은 착각이 들 때가 많다고 고백한다. 귀에서 환청이 들리는 것이다. 어떤 질병이든 예방이 최선의 치료이듯 게임 중독도 예방이 무엇보다 중요하다.

게임에 몰두하는 아이들은 대부분 현실에서 즐거움을 찾지 못하고 회피하고 싶어 하는 심리가 있다. 친구 관계가 원만하지 못하다든지 부모와의 관계가 원만하지 못해서 게임에 빠져들기도 한다. 혹은 컴퓨터게임 자체가 또래의 문화이기 때문에 주류에 끼고 싶어서 게임에 빠질 수도 있다. 또는 영웅 심리를 느껴보고 싶어서 컴퓨터게임에 빠져드는 경우도 있다. 이밖에도 자존감이 낮거나 자아정체성에 불만족하는 아이들도 게임 중독에 잘 빠진다. 자녀가 컴퓨터게임에 지나치게 심취해 있다면 그 원인부터 제대로 들여다볼 필요가 있다.

아이가 컴퓨터게임에 중독되지 않게 하기 위해서는 온라인상의 게임보다 훨씬 더 재미있고 유익한 오프라인 활동을 개발해야 한다. 게임 중독에 빠져드는 아이들 중에는 평소에 친구들과 잘 어울리지 못하고 내성적이며 소극적인 아이들이 많다. 이런 아이들에게는 평상시 즐길 만한 운동을 꾸준히 시켜주는 것이 좋다. 특히 남자아이들은 아빠와 같이 꾸준히 할 수 있는 운동을 한 가지 정도 시키는 것이 신체의 건강을 위해서도 그렇고 정서적으로도 매우 도움이 된다. 수영처럼 혼자 하는 운동보다는 농구, 테니스, 배드민턴, 축구처럼 함께 땀을 흘리면서 하는 게임 형식의 운동을 추천한다. 현실 속에서 아무런 재미를 느끼지 못하는 아이들이 인터넷 속 가상의 세상에 빠져드는 것은 어찌 보면 당연한 일이다. 하지만 우리 아이들이 살아갈 세상은 현실이지 가상 세계가 아니다.

요즘 아이들은 보통 유치원 때부터 컴퓨터를 접한다. 처음에는 학습 도구로서 접하지만 시간이 흐르다 보면 어느새 컴퓨터는 학습 도구가 아니라 게임 전용 도구로 전락한다. 컴퓨터는 처음 접할 때부터 시간을 정해서 사용하도록 지도해야 컴퓨터게임에 중독되는 것을 방지할 수 있다. 예컨대 30분만 사용하기로 약속했으면 30분 뒤 반드시 컴퓨터를 끄게 하는 훈련이 필요하다. 게임 중독은 별것이 아니다. 자기 스스로 컴퓨터 사용을 멈출 수 없는 상태를 말한다. 하지만 어렸을 때부터 시간을 정하고 컴퓨터를 사용하는 버릇을 들이다 보면 컴퓨터 제어 능력이 길러진다. 이는 이후에 스스로의 욕구를 절제할 수 있는 능력으로 이어진다. 컴퓨터 사용 지도의 팁을 하나 알려준다면, 아이가 컴퓨터게임을 하고 싶어 한다면 매일 30분씩 하기보다는 이틀에 1시간을 하도록 허용하는 편이 게임 중독에 빠지지 않을 확률이 높다.

스마트폰으로부터
내 아이 지키기

출근길 지하철을 타면 10년 전 풍경과 달라져도 너무 달라졌음을 느낀다. 요즘은 지하철에서 신문이나 책을 보는 사람을 찾아보기가 너무 힘들어졌다. 남녀노소 가릴 것 없이 거의 모든 사람들이 스마트폰만 보고 있다. 심지어 서너 살 정도밖에 되지 않은 아이들도 스마트폰을 보여주면 서럽게 울던 울음을 멈추곤 한다. 호랑이보다 무서운 것이 곶감이 아니라 스마트폰으로 바뀐 듯하다.

학교에서도 스마트폰과의 전쟁이 한창이다. 스마트폰을 수거하지 않으면 쉬는 시간이나 점심시간에 아이들이 하나같이 스마트폰에 코를 박고 있다. 심지어 수업 시간에도 교사 몰래 스마트폰을 하느라 정신이 없다. 그래서 어쩔 수 없이 대부분의 학교에서는 아이들이 등교를 하고 나면 스마트폰을 걷는다. 그럼에도 불구하고 스마트폰과 관련된 사건 사고가 끊이질 않는다. 특히 고학년 교사들은 아이들이 스마트폰으로 단톡방에서 서로 욕하고 왕따 시킨 일들을 뒤치다꺼리하는 일이 주된 업무가 되었을 정도이다.

"스마트폰을 언제쯤 사주면 될까요?" 최근 들어 학부모들이 많이 하는 질문 중 하나이다. 스마트폰은 아이 스스로 통제할 능력을 갖추었을 때 사주는 것이 좋다. 스마트폰을 스스로 통제할 수 있는 능력은 아이마다 다르다. 아이가 통제 능력이 없는 것 같으면 고학년이라고 해도 사주면 안 된다. 무엇보다 분명한 사실은 우리는 스마트폰을 너무 일찍 아이들 손에 쥐어준다는 사실이다. 3학년만 되어도 아이들은 스마트폰을 사달라고 아우성이다. 반에서 자기만 없다고 이야기하며 부모를 협박하기도 한다. 어떤 부모는 내 아이가 시대에 뒤떨어진 아이가 될까 싶어 겁이 나서 얼른 사주고 만다. 그러고 나면 일주일도 되지 않아 스마트폰과 전쟁을 치르게 된다. 스마트폰을 사주고 아이에게 스마트폰 좀 그만하라고 잔소리하느니 아이가 스마트폰 사달라고 떼 부리는 것에 시달리는 편이 훨씬 낫다.

스마트폰은 구입 비용만큼 유지 비용도 만만치 않다. 아이에게 스마트폰을 구입해줄 때에는 '데이터 무제한'과 같은 약정은 피하는 것이 좋다. 요금제 자체도 비쌀 뿐만 아니라 아이가 무절제하게 스마트폰을 쓰기 쉽다. 피치 못하게 스마트폰을 아이에게 사주게 되었다면 데이터는 제한을 두는 편이 좋다. 또한 스마트폰 사용 요금은 일부라도 아이 용돈으로 충당하게끔 하는 것이 바람직하다.

스마트폰 사용은 부모도 절제하기 어렵다. 엄마 아빠는 집에서 스마트폰만 쳐다보면서 아이에게는 스마트폰을 하지 말라고 하면 어떤 아이가 그 말에 수긍하겠는가? 아이가 집에서 스마트폰을 하지 않기를 바란다면 부모도 하지 않는 것이 바람직하다. 스마트폰 사용과 관련해서는 온 가족이 함께 지킬 수 있는 약속을 정하는 것이 좋다. 이를테면 현관에 스마트폰 바구니를 마련해서 집에 들어오면 모두 예외 없이 그 바구니에 스마트폰을 담아놓고 들어와야 하는 식이다. 특별한 사정이 있는 상황이 아니고서는 공용 공간에서는 스마트폰을 사용하지 않기로 약속하는 것도 좋다. 이도 저도 힘들다면, 집에서 적어도 하루에 1시간은 스마트폰을 끄고 가족이 함께 대화를 나누는 시간을 갖는 것은 어떨까? '좋아요' 버튼만 누르지 말고, 사랑하는 가족과 눈을 맞추고 "좋아한다"라고 말하면 좋겠다.

텔레비전으로부터
내 아이 지키기

텔레비전은 컴퓨터나 스마트폰에 비하면 중독성이 낮은 편이지만, 멍하니 쳐다보기에 정말 편한 영상 매체이다. 하지만 적절한 원칙을 세우고 시청한다면 얼마든지 선용할 수 있는 매체이기도 하다.

텔레비전은 가급적 거실에서 치우는 편이 좋다. 유혹의 손길을 건네는 물건은 멀리하고 피하는 것이 상책이다. 텔레비전이 눈앞에 있으면 자꾸 보고 싶어지는 것이 사람 심리이다. 텔레비전이 거실에 있으면 꼭 봐야 하는 프로그램이 있는 것도 아닌데도 습관적으로 텔레비전을 켜게 된다. 컴퓨터는 거실로, 텔레비전은 방으로 옮기는 것이 좋다.

또한 정해진 시간 외에는 텔레비전을 켜지 않는 것이 중요하다. 아이와 미리 어떤 프로그램을 볼 것인지 정하고 그 프로그램이 끝나면

끄는 것을 원칙으로 해야 한다. 초등학생들은 아무리 많아도 텔레비전 시청 시간이 2시간을 넘지 않아야 한다. 또한 잠들기 전에 텔레비전을 시청하는 것은 금물이다. 숙면을 방해하기 때문이다.

아이가 즐겨보는 프로그램은 부모도 가끔씩 함께 시청하며 모니터링해야 한다. 너무 폭력적이거나 자극적인 내용이 없는지 살피고 프로그램이 추구하는 가치관은 건전한지 따져봐야 한다.

아이가 텔레비전을 볼 때에는 간식을 주지 않는 것이 좋다. 소파에 누워 과자를 먹으며 텔레비전을 시청하는 사람을 영미 문화권에서 '카우치 포테이토Couch Potato'라고 부른다. 그 시간이 왠지 느긋하고 여유로워 보이기에 스트레스 해소에 도움이 될 듯도 하지만 오히려 움직이지 않기 때문에 스트레스 수치가 올라간다고 한다. 그뿐만 아니라 텔레비전을 보면서 무언가를 먹으면 절제하며 먹지 못하고 과잉 섭취를 할 우려가 있다. 따라서 비만에 걸릴 확률도 훨씬 높아진다고 한다.

텔레비전 시청은 가급적 보상으로 활용하지 않아야 한다. 많은 가정에서 텔레비전, 컴퓨터게임, 스마트폰 사용을 아이가 무엇인가를 잘했을 때 제공하는 보상으로 활용하는 경우가 많다. 하지만 이는 그다지 바람직하지 않다. 아이가 뭔가를 잘해냈거나 열심히 했을 때 받는 보상은 가치가 있거나 최소한 가치 중립적인 것이어야 한다.

밥상머리의 법칙

가정교육은
밥상머리부터 시작하라

"이거 꼭 먹어야 돼요?"

"밥 남기면 안 돼요?"

"김치 못 먹어요."

"속 안 좋아서 못 먹겠어요."

초등학교 점심시간에는 이런 말들이 난무한다. 교사로서 학교 일과 시간 중에 가장 힘든 시간은 점심시간이다. 특히 저학년을 가르칠 때에는 점심 식사 지도를 하는 것이 수업 시간보다 몇 배는 더 힘들다. 편식하는 아이, 제시간에 밥을 못 먹는 아이, 흘리면서 먹는 아이, 밥 먹으면서 돌아다니는 아이, 식판 엎는 아이 등 아이들의 뒤치다꺼리를 하다 보면 정말 점심시간이 없었으면 하는 생각이 절로 든다.

스님들은 식사를 '공양'이라고 해서 수행의 중요한 과정으로 꼽는다. 우리 조상들만 하더라도 '밥상머리 교육'이라고 해서 식사 예절을 매우 중요시했다. 옛 선현들이 밥상머리 교육을 강조한 데에는 이유가 있다. 밥 한 그릇도 제대로 못 먹는 아이가 무엇을 할 수 있겠는가? 우리 조상들은 밥을 남기거나 밥을 맛있게 먹지 않으면 복이 달아난다고 했다. 아이를 키우면서 한 번쯤 곱씹어봐야 할 대목이라고 생각된다.

밥상머리 교육을 회복하자

식사를 한다는 것은 인간에게 살아갈 에너지를 제공하는 것 이상의 특별한 의미가 있다. 청춘 남녀가 처음 만나 데이트할 때 식사를 한 번 같이 하고 나면 급격히 가까워지곤 하는 모습을 볼 수 있다. 오랜만에 마주친 누군가와 언젠가 다시 또 만나자는 약속을 할 때에도 우리는 "밥 한 끼 같이 하자"라고 이야기를 건넨다. 이것은 식사를 하는 행위가 단순히 물리적인 에너지를 얻기 위함에 그치는 것이 아님을 알려주는 방증이다.

식사의 중요성 때문에 우리 조상들은 예부터 밥상머리 교육을 중요시했다. '밥상머리'라 함은 밥상과 그 주변 자리를 일컫는다. 하지만 밥상머리라는 말에는 단순히 공간적인 의미만 담겨 있지 않다. 밥상머리 교육에서 밥상머리란 밥상을 중심으로 한 자리뿐만 아니라 그 자리에서 오고 가는 대화와 식사 예절 등을 모두 포함한 말이다. 그렇기 때문에 전통적으로 우리나라에서 밥상머리는 단순히 밥을 먹는 자리가 아니라 가정교육의 현장이자 삶의 지혜가 두루 전수되는 자리였다. 한마디로 밥상머리는 가정교육의 산실이자 메카였던 셈이다.

하지만 현대사회로 접어들면서 밥상머리 교육은 점점 자취를 감추게 되었다. 가장 큰 이유는 가족 구성원들이 저마다의 이유로 바쁜 까닭에 한자리에 둘러앉아 함께 식사를 하기가 어려워졌기 때문이다. 아이들에게 아침밥을 먹고 왔는지 물어보면 거르고 오는 아이들이 태반이다. 점심은 학교 급식을 먹고, 저녁은 엄마와 단둘이 먹거나 학원을 오가는 와중에 편의점에 들러서 대충 때운다고도 한다. 요즘 같은 현실에서 옛날 같은 식의 밥상머리 교육을 기대하기란 우물에서 숭늉을 찾는 격일지도 모른다. 하지만 밥상머리 교육은 우리가 단순하게 짐작하는 것처럼 밥상에서 자녀를 훈육하는 것 이상의 교육적 가치가 있다. 오늘날에도 유효한 교육 방식인 것이다.

식사라고 쓰고
절제라고 읽는다

식사를 할 때 가장 필요한 미덕이 있다면 아마 '절제력'일 것이다. 식사할 때 절제력이 있는 아이들과 그렇지 않은 아이의 모습에는 확연하게 차이가 난다. 급식을 배식할 때, 절제력 없는 아이들은 자기가 먹을 수 있는 양보다 훨씬 많은 양을 식판에 담아서 결국엔 음식을 남기기 일쑤이다. 또한 절제력이 없는 아이들은 자기가 좋아하는 음식만 탐하는 경향과 과식하는 경향이 있다. 이런 일들이 벌어지는 이유에 대해 『맹자』 「고자편」에서는 큰마음을 잃어버렸기 때문이라고 말하고 있다.

孟子曰 飲食之人 則人 賤之矣 爲其養小以失大也

맹자왈 음식지인 즉인 천지의 위기양소이실대야

→ 맹자가 말씀하시길 "음식을 밝히는 사람을 사람들이 천히 여기는데, 그것은 작고 사소한 욕망을 채우기 위해 큰마음을 잃어버렸기 때문이다."

여기에서 말하는 큰마음이 바로 절제력 아닐까? 식사 자리는 아이에게 절제력을 가르칠 수 있는 가장 적합한 장소이자 기회이다. 아이에게 절제력을 가르쳐주고 싶다면, '가족이 다 모일 때까지 수저를 들지 않고 기다리기', '좋아하는 음식이라고 해서 지나치게 과식하지 않기' 등의 규칙을 정해서 실천할 수 있도록 훈련시켜야 한다. 식탐을 제어하고 식욕을 다스릴 줄 아는 것은 평생 배우고 훈련해야 하는 인생의 수행 과제이다. 인간의 품격은 절제된 모습에서 비롯됨을 기억하자.

아이의 건강과 인성을 위해 편식을 경계한다

1학년 학부모 면담을 할 때의 일이다. 한 엄마가 살짝 따지는 듯한 음성으로 이런 말을 한 적이 있다.

"선생님, 아이가 먹기 싫어하는 음식은 안 먹이면 안 되나요?"

평소에도 편식이 심해서 김치 한 조각, 나물 한 입도 손사래를 치며 안 먹으려고 했던 아이여서 식사 지도를 할 때 많이 힘들었는데, 엄마까지 가세해서 아이의 편식 문제를 고칠 생각은 안 하고 거들어주기만 했던 형국이라 조금 난감했던 기억이 난다.

아이들의 식사 지도를 하면서 느끼는 바인데 갈수록 아이들의 편식이 심해지는 추세인 듯하다. 많은 아이들이 채소는 거의 먹지 않고, 고기만 먹으려고 한다. 문제는 부모들이 아이의 편식을 그렇게 심각하게 생각하지 않는다는 데 있다. '아직 어려서 그러겠지', '크면 나아지겠지'라고만 생각한다. 하지만 편식은 생각보다 많은 문제들을 내포한다.

편식은 심각한 영양 불균형뿐만 아니라 아이의 성격에도 좋지 않은 영향을 끼친다는 여러 연구 결과들이 나와 있다. 실제로 편식하는 아이들 중에는 과체중이거나 저체중인 아이들이 많고 공격적인 성향의 아이들이 많다. 편식하는 아이들은 수업 시간에 산만하고 주의 집중력이 약하다. 편식 여부와 주의 집중력은 매우 높은 상관관계를 보인다.

먹는 것은 인간의 가장 기본적인 욕구이다. 사람은 누구나 배가 고프면 먹을 것을 찾게 되어 있다. 그런데 왜 그렇게 많은 아이들이 밥을 제대로 안 먹는 것일까? 그 이유는 무엇일까? 시간을 조금만 거꾸로 돌려서 1960~70년대로 되돌아가보자. 그때도 지금처럼 밥을 안 먹거나 편식하는 아이들이 많았을까? 그때도 지금처럼 아이에게 밥을 먹이기 위해 엄마가 아이 뒤를 뒤쫓아 다녔을까? 아니다. 전혀 그렇지 않았다. 그 당시 아이들은 없어서 못 먹었지, 있는 음식을 가려 먹는 일은 꿈조차 꾸기 힘들었다. 그렇다면 모든 것이 풍요로워진 90년대 이후에 약속이나 한 듯이 편식하는 아이들이 늘어난 이유는 무엇일까?

가장 큰 원인으로 부모의 간섭과 조급증을 꼽고 싶다. 갓난아기는 젖을 빼는 방법을 부모로부터 배우지 않는다. 본능적으로 젖을 빨아 먹는다. 밥 먹는 일도 마찬가지이다. 자연스럽게 놔두면 아이의 식욕 기능은 정상적으로 발달한다. 정상적으로 발달된 식욕 기능을 가진 아이들은 누가 시키지 않아도 때가 되면 밥을 찾아 제 손으로 밥을 떠먹는다. 그런데 이 과정에서 '아이가 안 먹으면 어떻게 하나', '아이가 너무 늦게 먹으면 어떻게 하나' 하는 마음에 부모가 억지로 밥을 먹이면 아이는 본능적으로 거부감을 갖고 식사를 기피하게 된다. 이때부터 아이와 부모 사이의 식사 전쟁이 시작된다.

일주일에 한 번은
특별한 식사를 한다

많은 유대인들이 어린 시절을 추억하며 생의 가장 좋은 기억으로 떠올리는 장면이 안식일 저녁 식사 장면이라고 한다. 유대인들은 안식일이 시작되는 금요일 저녁 식사를 아주 특별하게 준비한다. 식사의 양이나 질적인 면에서 다른 평일과는 비교가 되지 않을 만큼 푸짐하게 식탁을 차린다. 안식일 식사를 할 때에는 그동안 흩어져 생활하던 가족들이 한자리에 모여 식탁에 차려진 음식을 나눈다. 안식일 저녁 식사 시간은 평소와 다르게 2시간 이상 길게 이어진다고 한다. 때로는 손님도 초대해 자리가 한결 더 풍성해진다. 안식일 저녁 식사는 단순히 끼니를 때우는 자리가 아니라 정성스럽게 차려진 음식을 앞에 두고 가족과 이웃이 함께 어울리는 축제의 자리이다.

우리 아이들에게도 유대인들의 안식일 저녁 식사와 같이 일주일에 한 번쯤은 특별한 식사 자리를 마련해주면 어떨까? 아이의 인생이 좀 더 풍성해지지는 않을까? 식사 자리는 단순히 허기를 때우는 자리가 아니다. 가족 간의 친밀함을 누리는 자리이자 가정의 따스함을 나눌 수 있는 최적의 기회이다. 아무리 바쁜 일상을 살아가고 있더라도 일주일에 한 번은 온 가족이 한자리에 둘러앉아 함께 식사를 하며 즐거운 추억을 쌓으면 좋겠다. 그리고 이때만큼은 모든 가족이 식사 준비를 같이하고, 식사 시간도 1시간 이상 충분히 확보하는 것이 좋겠다. 무엇보다 이 시간에는 서로 비난하는 말은 절대 금하도록 하고, 서로 격려하고 칭찬하는 말로 식탁 위를 채우도록 하자. 이렇게 따뜻하고 풍요로운 식사 시간을 정기적으로 갖다 보면 아이가 어느덧 어른으로 성장한 후에도 어렸을 때 가족들과 나눴던 식사 시간을 인생 최고의 추억으로 떠올리며 행복해할 것이다.

부모가 챙겨야 하는 식사 예절

날마다 아침밥 챙겨 먹이기

"선생님, 언제 점심 먹어요?"

저학년 아이들은 1교시만 끝나도 이런 소리를 한다. 고학년 아이들도 마찬가지이다. 이런 말을 하는 많은 아이들은 대개 아침밥을 먹고 오지 않는다. 아침밥을 먹지 않고 등교하면 점심을 먹기 전까지 공복 시간이 너무 길어져 건강을 해칠 뿐만 아니라 아이들이 집중력을 발휘하기 힘들다.

연구에 따르면, 매일 아침 식사를 꼬박꼬박 하는 아이들이 아침을 거르는 아이들보다 학업 성취도가 상대적으로 높다고 한다. 2019년 삼육서울병원 가정의학과 연구팀이 질병관리본부의 2017년 청소년 건강관리형태 조사 자료를 바탕으로 전국 중·고등학생 6만여 명의 아침 식사 빈도와 학업 성취도의 상관성을 분석한 결과, 매주 하루도 빠짐없이 아침을 챙겨 먹은 학생의 학업 성취도는 상 47.0%, 중 28.3%, 하 24.8%로 나타났다. 반면 아침을 늘 먹지 않는 학생의 학업 성취도는 상 31.0%, 중 27.9%, 하 41.1%로 집계되었다. 이 연구 결과에 근거하면 아침밥만 잘 챙겨 먹여 보내도 부모의 역할은 충분히 한 셈이다.

떠먹여주지 않기

1학년 아이가 급식판에 밥을 받아놓고서는 먹지도 않고 가만히 앉아만 있는 모습을 본 적이 있다. 왜 밥을 안 먹냐고 물었더니 필자를 빤히 쳐다보면서 이렇게 말했다.

"선생님이 먹여주시면 안 돼요?"

이 아이는 초등학교에 입학했음에도 불구하고 여전히 집에서 엄마가 밥을 떠먹여준다고 했다. 자녀를 사랑하고 아끼는 마음이야 알겠지만, 이것은 잘못된 자식 사랑의 방식이다. 아이가 수저를 잡을 수 있는 나이가 되었으면 밥을 떠먹여주는 일은 그만둬야 한다. 부모가 밥을 떠먹여줘 버릇하면, 의존적인 아이가 되어버리기 십상이다.

밥 먹는 것을 무기화 하지 못하게 하기

"빨리 먹으면 엄마가 텔레비전 보게 해줄게."

"이거 먹으면 네가 원하는 장난감 사줄게."

이런 식으로 밥 먹는 것을 두고 아이와 흥정을 하는 부모들이 있다. 매우 좋지 않은 태도이다. 이런 흥정이 반복되면 아이는 당연히 해야 하는 일인 식사하기를 무기로 사용하는 아주 나쁜 버릇을 들이게 된다.

적당한 식사 시간 지키기

아이들 중에는 밥을 너무 빨리 먹는 아이들이 있다. 식사는 허기진 배를 채우는 것만을 목적으로 하지 않는다. 어떤 때에는 친교의 목적이 더 크기도 하다. 이런 아이들한테는 가정에서부터 식사란 함께 자리한 사람들과 도란도란 이야기를 하며 즐기면서 먹는 것임을 가르쳐야 한다. 아이가 식사를 허겁지겁하고 자리에서 일어난다면, '식사 시작 후 20분 뒤에 자리에서 일어나기'와 같은 규칙 등을 마련하면 좋다. 빨리 먹어도 어차피 자리에서 일어날 수 없으니 아이의 식사 태도가 점점 여유를 찾아가게 된다.

밥을 너무 천천히 먹는 아이들도 문제가 될 수 있다. 학교는 단체 생활을 하는 곳이기 때문에 정해진 시간 안에 밥을 먹을 줄 알아야 한다. 제시간 안에 밥을 먹을 줄 아는 것도 다른 사람에 대한 배려와 집중력이 필요한 일이다.

TIP 꼭 지켜야 할 식사 예절 10가지

① 밥 먹기 전에는 손을 깨끗이 잘 씻는다.

② "잘 먹겠습니다"라고 말하고 식사를 시작한다.

③ 어른이 먼저 수저를 들 때까지 기다린다.

④ 음식을 골고루 먹는다.

⑤ 국물을 마시거나 반찬을 씹을 때 너무 큰 소리가 나지 않게 한다.

⑥ 맛있는 것이 있을 때 혼자만 게걸스럽게 먹지 말고 남에게 권한다.

⑦ 입에 밥이나 반찬을 물고 말하지 않는다.

⑧ 식사를 마친 후에는 "잘 먹었습니다"라고 크게 말하게 한다.

⑨ 식사를 마친 후에는 자기 식기를 싱크대에 가져다 놓는다.

⑩ 식사 자리를 먼저 뜨지 않는다.

나비 효과의 법칙
작은 차이가
큰 차이를 만든다

'나비 효과Butterfly effect'란 나비의 날갯짓처럼 아주 작은 일이 나중에 허리케인 같이 엄청난 일을 유발시킬 수 있다는 이론이다. 예컨대 서울에서 나비 한 마리가 날갯짓을 하면 다음 달 북경에서 허리케인이 몰아칠 수도 있다는 것이다.

지금 나에게 벌어진 아주 작은 사건이 나중에 엄청난 결과를 몰고 올지 모른다는 측면에서 우리 인생에서 벌어지는 모든 일은 나비의 날갯짓일지도 모르겠다. 그렇기에 우리는 아주 작은 일에도 정성과 최선을 다해야 한다. 작은 일에도 정성과 최선을 다하다 보면 나도 모르는 순간, 내 인생을 송두리째 바꿀 엄청난 행운이 나타날지도 모를 일이다. 반대로 나에게 나가온 작은 일에 정성을 다하지 않으면, 후일 그것이 쓰나미가 되어서 내 인생을 덮쳐버릴지도 모른다.

숙제 한 번 잘해 가는 일, 부모님께 대답 한 번 잘하는 일, 길가의 쓰레기 한 번 줍는 일 등은 아주 사소한 행동들이다. 하지만 이런 작지만 가치 있는 날갯짓들이 훗날 아이의 인생을 바꿀 엄청난 바람을 불러온다는 사실을 기억하자.

작은 일에 정성을 다하는 사람만이 세상을 변화시킬 수 있다

其次致曲 曲能有誠 誠則形 形則著 著則明 明則動 動則變 變則化 唯天下至誠爲能化

기차치곡 곡능유성 성즉형 형즉저 저즉명 명즉동 동즉변 변즉화 유천하지성위능화

→ 작은 일에도 최선을 다하면 정성스럽게 된다. 정성스럽게 되면 겉에 배어 나오고, 겉에 배어 나오면 겉으로 드러나고, 겉으로 드러나면 이내 밝아지고, 밝아지면 남을 감동시키고, 남을 감동시키면 이내 변하게 되고, 변하면 사람이 된다. 그러니 오직 세상에서 지극히 정성을 다하는 사람만이 나와 세상을 변하게 할 수 있는 것이다.

『중용中庸』 23장에 나오는 이 구절은 〈역린〉이라는 영화 때문에 대중들에게도 널리 유명해진 구절이다. 1학년 아이들을 지도하면서 필자는 이 구절을 매일 하루에 한 번씩 반복해서 읽히곤 했다. 1학년 아이들에게 어려울 수도 있는 구절이지만 자꾸 반복하다 보니 어린아이들이 이 긴 구절을 좔좔 외우는 것은 말할 것도 없거니와, 나중에는 아이들이 작은 일을 무시하지 않고 최선과 정성을 다하는 것이 얼마나 중요한지를 깨닫고 학교생활에서 실천하는 모습을 볼 수 있었다.

이 구절의 핵심은 작은 일에 최선을 다하는 사람만이 나와 세상을 변하게 할 수 있다는 메시지이다. 세상을 변화시킨다면서 큰일만 꿈꾸고 도모하려는 사람들이 있다. 하지만 세상을 변화시키기 위해서는 자신에게 주어진 작은 일부터 최선을 다하고 정성을 다해야 한다. 모든 위대한 변화는 작은 일에서부터 시작된다.

작은 일에 최선을 다하면 남에게 감동을 줄 수 있다. 남에게 감동을 줄 수 있을 뿐만 아니라 뜻하지 않은 행운이 찾아올 수도 있다. 이와 관련하여 '강철왕'이란 별명을 가진 미국의 기업가 앤드류 카네기 Andrew Carnegie의 에피소드를 하나 소개하고자 한다.

장대비가 퍼붓던 어느 날, 미국 필라델피아의 한 가구점 앞에서 할머니 한 분이 왔다 갔다 하고 있었다. 가구점 주인이 할머니에게 물었다.

"할머니, 가구를 사러 오셨습니까?"

그러자 할머니는 이렇게 대답했다.

"아닙니다. 비가 와서 밖으로 나갈 수도 없고, 내 운전기사가 차를 가지고 올 때까지 시간을 보내기 위해서 이리저리 둘러보고 있는 중입니다."

가구점 주인은 부드럽게 웃으며 말했다.

"그러시군요. 그럼 운전기사가 올 때까지 안으로 들어와 계십시오. 편안한 안락의자도 있습니다."

가구점 주인은 매상과 아무 관계도 없는 노인에게 따뜻한 대접을 해주었다. 그런데 며칠 후 가구점 주인에게 한 통의 편지가 배달되었다. 그 편지는 강철왕 카네기의 편지로, 카네기의 회사에서 수만 달러 상당의 가구를 구입하려고 하는데, 카네기의 어머니가 그 가구점을 추천했다는 내용이었다. 알고 보니 비 내리는 날 가구점 주인이 환대해준 그 할머니가 바로 카네기의 어머니였던 것이다.

평범한 가구점 주인을 하루아침에 벼락부자로 만든 것은 다름 아닌 그가 타인에게 베푼 작은 친절이었다. 나비의 날갯짓 같은 작은 친절이 나중에 엄청난 허리케인 같은 행운이 되어 가구점 주인에게 찾아온 것이다. 작은 일에 최선을 다하는 습관과 태도를 갖춘다면 누구든지 이런 행운의 주인공이 될 수 있다.

작은 기본들을 지키면
학교생활이 쉬워진다

1학년 아이들을 가르칠 때의 일이다. 학급에는 연락장 확인이 잘 되지 않는 여자아이가 있었다. 부모가 아이의 연락장을 검사하고 확인 사인을 해주는 날보다, 그렇지 못하는 날들이 더 많았다. 연락장 검사가 잘 안 되다 보니 아이는 준비물 준비를 비롯해서 가정통신문 응답도 잘 이루어지지 않았다. 처음에는 아이를 잘 타일러서 부모에게 연락장 확인을 꼼꼼하게 해줄 것을 당부했으나 이후에도 크게 개선되지 않았다. 처음에는 밉지 않은 아이였는데 이런 일이 자꾸 반복되다 보니 필자도 사람인지라 나중에는 아이가 미워지기 시작했다. 이렇게 작은 기본들이 지켜지지 않으면 아이의 학교생활에 문제가 생긴다.

이번에는 4학년 아이들을 가르칠 때 벌어진 일이다. 한 여자아이가 제발 짝꿍 좀 바꿔달라고 하소연을 해왔다. 이유를 들어보니 짝꿍이 자기 물건을 말도 없이 함부로 가져가서 잘 돌려주지도 않는다는 것이었다. 짝꿍 남자아이는 지우개나 연필 같은 필수 학용품도 제대로 가지고 다니지 않았고, 필요할 때마다 친구들에게 빌리러 다녔다. 그런데 빌리는 태도도 무례해서 친구들이 빌려주기 싫어했다. 친구들이 빌려주기 싫다고 말하면 빼앗듯이 가져가서 돌려주지도 않았다. 이런 식으로 친구들을 대하다 보니 친구들이 이 아이와 짝꿍 하기를 기피했다. 짝꿍 바꾸기를 할 때마다 이 아이와 짝이 되기 싫다고 하소연하는 아이들 때문에 머리가 아플 지경이었다.

작은 기본들을 제대로 지키려면 상대방에 대한 배려심이 있어야 한다. 배려는 헤아림이라는 땅 위에 피어난 꽃과 같다. 평소 다른 사람의 입장을 잘 헤아리지 못하는 아이들은 절대 남을 배려할 수 없다. 이런 배려심은 가정에서 가르치고 훈련되어야 한다. 아무리 어려도 배려하는 마음은 충분히 표현할 수 있다. 식사할 때 맛있는 것을 먹고 "엄마도 한번 드셔보세요"와 같은 말을 던지는 행위는 엄마에 대한 배려심이 없고서는 할 수 없다. 또한 이런 말은 처음부터 저절로 할 수 있는 것이 아니라 상황에 따라 적절한 배려의 말과 행동이 무엇인지를 반복적으로 가르쳤을 때 비로소 가능하다.

작은 일에
감사하는 습관

수업 시간에 아이들 숙제 검사를 하면 반응에 따라 두 부류로 갈린다. 한 부류는 "감사합니다"라고 인사하는 아이들이고 또 한 부류는 아무 말이 없는 아이들이다. '감사합니다'라는 짧은 말의 여운은 길다. '감사합니다'라는 말을 할 줄 아는 아이는 모든 점이 달라 보인다.

6학년 아이들에게 선생님에게 숙제 검사를 받은 뒤에 '감사합니다'라는 말을 하라고 가르쳤더니 한 아이가 볼멘소리로 이런 말을 했다.

"선생님이 숙제 검사해주는 건 당연한 일인데 왜 감사하다고 말을 해야 하나요?"

이 아이의 말처럼 이유를 따져서 감사해야 한다면 세상에 감사할 일이 얼마나 될까? 감사할 일은 따로 있는 것이 아니다. 모든 일에 감사하면 된다. 감사하지 않은 일도 감사하다 보면 감사한 일이 된다. 감사하다 보면 감사가 습관이 되고, 감사가 습관이 되면 인생이 아름답고 행복하다. 감사하다 보면 도움의 손길이 자연스레 찾아오고, 긍정적이고 적극적인 인생을 살아가게 된다.

하지만 안타깝게도 요즘에는 감사할 줄 모르는 아이들이 참 많다. 감사할 줄 모른다는 것은 기본적인 정서가 부정적이라는 말이다. 감사는 조건이 아니라 해석이다. 만약 조건만 따져서 감사한다면 하루 동안 감사할 거리가 아무것도 없을 것이다. 그러나 똑같은 사건도 해석을 달리하면 감사할 수 있다.

아이에게 아무리 작고 사소한 일이라도 감사를 표현하는 습관을 가지게 하자. 종은 울리기 전까지 종이 아니듯, 감사는 표현하기 전까지 감사가 아니다. 작고 사소한 것에 감사하기 시작하면 아이 인생에 놀라운 복이 깃들 것이다. 감사는 가난한 사람도 부자로 만든다. 하지만 불평은 부자도 가난한 사람으로 만들 뿐이다.

아이에게 감사하는 습관을 심어주기 위해 매일 감사 제목을 적어보게 하는 것도 방법이다.

"공부를 할 수 있는 책이 있어 감사합니다."

"책을 읽을 수 있는 밝은 전깃불이 있어 감사합니다."

이렇게 사소한 감사 제목들을 하루에 3가지씩 적어보는 것에서 시작해서 점점 그 개수를 늘려가다 보면 어느 순간 아이에게 감사가 습관이 되어 있음을 목격하게 될 것이다. 처음에는 한두 개 적기도 힘들겠지만 몇 달이 지나면 단숨에 10개씩 적는 것도 어렵지 않다. 감사 제목을 많이 적을 수 있는 사람이 행복한 사람이다.

감사 일기를 쓰는 것도 감사 습관을 들이는 좋은 방법이다.

오늘 방과후학교 시간에 친구 호재가 간식을 나눠주었다. 참 감사한 마음이 들었다. 왜냐하면 나는 오늘 깜빡하고 간식을 못 챙겨갔기 때문이다. 내일은 간식을 좀 많이 챙겨가서 호재에게 내 간식을 나눠줘야겠다. 호재는 참 좋은 친구인 것 같다.

3학년 남자아이가 쓴 감사 일기이다. 내용은 간단하지만 감사한 일, 감사한 이유, 앞으로의 다짐 등이 잘 들어간 일기이다. 이런 감사 일기는 무엇보다 아이에게 행복감을 가져다준다. 감사하는 마음 뒤에는 항상 행복이 따라오기 때문이다. 행복감이 충만한 아이들은 자존감도 높을 뿐만 아니라 다른 사람들도 행복하게 만들어준다. 감사 일기 역시 감사 제목 적기처럼 차츰 횟수를 늘려가는 편이 좋다.

아들딸 다름의 법칙
화성에서 온 아들
vs 금성에서 온 딸

『화성에서 온 남자, 금성에서 온 여자』라는 책을 기억하는가? 책을 읽지 않았더라도 제목만큼은 익히 들어봤을 것이다. 이 책은 미국 〈퍼블리셔스 위클리〉가 선정하는 베스트셀러 목록에 무려 227주간이나 올라, 남녀관계 인식의 새로운 지평을 연 금세기 최고의 관계서 역작으로 손꼽힌다.

이 책의 저자인 존 그레이John Gray는 남녀가 사고방식이나 언어, 행동 등 모든 점에서 다르다는 점을 강조한다. 마치 다른 별에서 온 존재들처럼 말이다. 더불어서 남자와 여자는 서로 다른 별에서 온 존재이기 때문에 서로를 변화시키려고 애쓰거나 맞서는 것은 헛고생일 뿐이라고 강조한다. 그 대신 서로의 다름을 인정하고 그 차이를 받아들일 때, 더불어 행복하게 잘 지낼 수 있다고 주장한다.

학교에서도 남자아이들과 여자아이들은 정말 다르다. 초임 교사일 때에는 이 차이를 알지 못하고 그저 어린아이라는 동일 집단으로 생각했다가 큰 코 다친 적이 한두 번이 아니다. 아들과 딸이 다름을 분명히 알고 그 차이를 받아들일 때, 자녀와 더불어 행복하게 잘 지낼 수 있을 것이다. 물론 다음에서 언급할 남자아이와 여자아이의 차이를 모든 아이들에게 100% 적용할 수는 없을 것이다. '남자아이는 이렇다', '여자아이는 이렇다'라고 뭉뚝하게 단언해버리기에는 아이마다 자기 고유의 기질과 성향이 있기 때문이다. 다만, 전반적인 남자아이와 여자아이의 경향성을 파악해본다는 의미로 다음의 글을 읽어주면 좋겠다.

아들은 인정
vs 딸은 관심

세간에 떠도는 말 중에 '남자는 자신을 인정해주는 사람을 위해 목숨을 걸고, 여자는 자신을 사랑해주는 사람을 위해 목숨을 건다'라는 말이 있다. 이 말은 아들과 딸에게도 그대로 적용된다.

고학년 남자아이들은 엄마라면 손사래를 친다. 그 이유를 물으면 많은 남자아이들이 하는 말이 있다. '엄마는 잔소리쟁이'라는 것이다.

어떤 남자아이는 이런 말까지 했다.

"우리 엄마는요, 잔소리 핵폭탄 제조기예요."

남자아이들은 잔소리 듣는 것을 참 싫어한다. 남자아이들의 문제를 잔소리로 해결하려고 들면 일이 더 꼬일 뿐이다. 남자아이들의 문제를 해결하는 열쇠는 잔소리가 아니라 인정과 격려이다.

학교에서도 남자아이들은 작은 칭찬이나 인정에도 너무 좋아하며 어쩔 줄을 몰라 한다. 작은 칭찬이나 인정이 계기가 되어 남자아이들은 공부에 매진하게 되거나 인생의 항로를 결정하기도 한다. 누군가 자신을 인정해준다는 사실이 남자아이들에게 날개를 달아주는 것이다. 따라서 남자아이들은 공부 결과에 대해 충분히 인정해주고 격려해줘야 한다. 그런 경험들은 남자아이들에게 공부를 해야겠다는 욕구를 불러일으킨다. 남자아이들은 한번 마음먹으면 놀라운 공부 몰입도를 보인다.

이에 비해 여자아이들은 관심의 표현이 대단히 중요하다. 남자아이들은 공부하는 중간에 엄마가 관심을 보이면, 왜 이렇게 귀찮게 하냐는 반응을 보이기 십상이다. 반면에 여자아이들은 공부하는 틈틈이 부모가 관심을 가져주면 대단히 좋아하며 더욱 열심히 공부한다. 남자아이들이 자기의 능력을 부모에게 인정받기 위해서 열심히 공부한다면, 여자아이들은 부모의 관심을 끌기 위해서 열심히 공부한다. 따라서 여자아이들에게 관심을 보이지 않는 것은 공부하지 말라는 뜻과 같다.

몸으로 공격하는 아들
vs 관계로 공격하는 딸

일반적으로 여자아이들은 남자아이들에 비해 덜 공격적이라고 여겨진다. 하지만 이 말은 일부는 맞고 일부는 틀리다. 여자아이들도 남자아이들만큼 공격적이다. 특히 저학년 아이들을 보면 남자아이들만큼이나 여자아이들도 굉장한 공격성을 보인다. 저학년 때에는 남녀 간의 신체적 격차도 크지 않고 오히려 여자아이들이 남자아이들보다 성장이 빠른 경우도 많기 때문이다.

고학년으로 올라가면 공격성을 표현하는 방식에서 남녀의 차이가 생긴다. 남자아이들은 공격성을 몸으로 표현하지만, 여자아이들은 공격성을 관계로 표현한다. 아이들이 싸울 때의 모습을 살펴보면 그 차이가 극명하게 드러난다. 남자아이들은 욕을 하거나 주먹다짐을 하며 싸우기 때문에 공격성이 겉으로 너무 잘 드러난다. 반면에 여자아이들은 눈에 보이지 않는 방식, 이를테면 조용히 왕따를 시키는 식으로 친구에게 상처를 준다. 그런 까닭에 남자아이들이 여자아이들보다 공격적이라고 여겨지지만, 여자아이들의 공격성도 남자아이들 못지않다. 심지어 담임교사도 여자아이들의 눈 밖에 나면 학급 운영이 힘들어지기도 한다. 적지 않은 교사들이 고학년 여자아이들을 다루기 힘들다는 말을 많이 한다.

아들이든 딸이든 부모에게 공격적인 모습을 보인다면 부모는 자녀의 마음을 알아채고 다독여줄 필요가 있다. 자녀가 공격적인 모습을 보인다고 해서 부모도 같은 방식으로 부딪혀서는 안 된다. 강한 것과 강한 것이 부딪히면 부러지기 마련이다. 지나가던 나그네의 옷을 벗긴 것은 거센 바람이 아니라 따스한 햇살이라는 사실을 기억하자.

아들의 무심함
vs 딸의 세심함

요즘은 아들보다 딸을 선호하는 경향이 점점 높아진다고들 한다. 아들은 특유의 무심함으로 부모를 서운하게 만들지만, 딸은 세심하게 부모를 챙기기 때문이라고 한다. 학교에서도 남자아이들의 무심함과 여자아이들의 세심함은 확연히 눈에 띈다. 주말에 미용실에 가서 머리를 손질하고 월요일에 출근하면, 교사의 헤어스타일이 바뀐 것을 눈치채고 다가와서 말을 건네는 아이들은 십중팔구 여자아이들이다. 남자아이들은 교사가 눈에 확 띌 만큼 획기적으로 헤어스타일을 바꿔야만 겨우 재미있다는 듯이 관심을 갖곤 한다. 교사가 조금 힘들어 보이면 여자아이들은 사랑이 듬뿍 담긴 쪽지를 써서 건넨다든지 곁에 다가와서 힘내라고 말해주곤 한다. 하지만 남자아이들은 교사가 쓰러지기 직전까지는 교사가 힘들어하는 중이란 사실을 잘 알아채지 못한다.

아들은 무심하고 딸은 세심하다고 해서 딸 키우기가 더 수월한 것은 절대 아니다. 세심함이란 감정은 잘못 다루면 자칫 깨지기 쉽기 때문이다. 여자아이들은 남자아이들보다 부모의 영향을 훨씬 더 많이 받는다. 왜냐하면 남자아이들에 비해 여자아이들은 감수성이나 관찰력이 훨씬 뛰어나기 때문이다. 감각이 무딘 남자아이들은 부모의 말이나 태도에 영향을 덜 받는다. 아이들 모르게 부부 싸움을 하고 나서 이야기 한마디 나누지 않을 때, 그 분위기를 알아채는 것은 대부분 딸이다. 이렇게 여자아이들은 남자아이들보다 부모의 세세한 부분까지 신경을 쓰다 보니 남자아이들보다 부모의 영향을 더 받을 수밖에 없다.

특히 여자아이들은 엄마를 그대로 닮는 경향이 있다. 학교에서 면담을 하다 보면 여자아이들이 엄마의 말하는 태도, 몸짓, 표정, 옷매무새 등을 그대로 닮아 있다는 사실에 놀라는 때가 한두 번이 아니다. 항상 표정이 밝은 아이들은 엄마도 인상이 밝다. 반면에 항상 표정이 어두운 아이들은 엄마의 인상 역시 어둡다.

엄마만큼이나 아빠의 모습도 중요하기는 마찬가지이다. 보통 딸들의 가치관은 아빠를 통해 형성된다고 한다. 이성관 역시 아빠의 모습을 토대로 형성되기 때문에, 많은 딸들이 나중에 자기 아빠와 비슷한 배우자를 고르게 된다고 한다. 좋은 모습이든 그렇지 않든 아빠와 익숙한 모습을 보이는 남자에게 끌린다는 것이다. 그렇기 때문에 딸을 양육하는 부모들은 딸 앞에서 좀 더 좋은 모습을 보여주기 위해 더욱 깨어 있어야 한다.

눈이 예민한 아들
vs 귀가 예민한 딸

생물학적으로 남자는 시각에 예민하고, 여자는 청각에 예민하다고 한다. 이러한 남녀의 특징을 잘 활용하면 좋은 부모가 될 수 있다. 남자아이들은 '시각적'인 동시에 '후각적'이다. 먹는 것에 굉장히 민감하다. 그래서 엄마가 맛있는 밥을 차려주었는지 여부를 엄마의 사랑을 가늠하는 척도로 삼기도 한다. 음식은 시각과 후각을 동시에 자극하기 때문에 남자아이들로서는 중요하게 받아들여지는 것이다. 그렇기 때문에 때맞춰 정성이 담긴 식사를 준비해주는 것은 아들에게 좋은 정서적 보약이 될 수 있다.

여자아이들은 '청각적'인 동시에 '촉각적'이다. 여자아이들은 대체로 칭찬에 약하다. 왜냐하면 여자아이들은 남자아이들에 비해 청각이 훨씬 예민하기 때문이다. 여자아이들은 기본적으로 두 가지 질문을 하고 살아가는 존재들이다. '나는 사랑스러울까?'와 '나는 인정받고 있는 걸까?'이다. 이 두 질문에 긍정적이고 확신에 찬 대답을 할 수 있는 여자아이들은 당당하고 매력 넘치는 삶을 살아갈 수 있다. 칭찬은 이 두 가지를 만족시킬 수 있는 방법이다.

"엄마는 무슨 복이 많아서 이렇게 예쁜 딸을 낳았을까?"

"힘들었지? 아빠는 우리 딸 하루 종일 보고 싶어 혼났다."

이런 말들을 건네면서 딸에게 가벼운 스킨십을 건네면 딸은 자신이 사랑받는 존재라는 사실을 깨닫는다. 자신이 사랑받고 있다고 느낄 때, 자신을 소중하게 여기고 다른 사람의 비난에도 흔들리지 않는 아이로 자랄 수 있다.

우뇌가 발달한 아들
vs 좌뇌가 발달한 딸

아들을 키우는 엄마들은 한결같이 '아들을 도통 이해하지 못하겠다' 라고 하소연한다. 딸에 비해 아들은 왜 그렇게 공격적이고 산만한지, 왜 그렇게 말귀를 못 알아듣고 눈치도 없는지, 자기감정을 잘 표현도 못하고 무뚝뚝한지, 배고프면 왜 그렇게 화를 내는지 등등 이해할 수 없는 바들을 이루 다 열거할 수 없을 정도이다.

그런데 뇌과학적 측면에서 엄마가 아들을 이해하지 못하는 것은 당연한 일이다. 엄마가 아들을 속속들이 이해할 수 있다면 그것이 더 이상한 일이다. 엄마는 여자이고 아들은 남자이기 때문에 뇌 구조 자체가 서로 다르다. 남자아이와 여자아이의 뇌 구조 차이를 이해하면 다른 성별의 자녀를 이해하는 폭이 넓어질 수 있다.

남자아이의 뇌와 여자아이의 뇌의 가장 큰 차이점은 남자아이는 우뇌가 발달한 반면, 여자아이는 좌뇌가 더 발달했다는 사실이다. 이 는 후천적인 것이 아니라 선천적으로 그렇게 태어난다. 임신 중 엄마

배 속에서는 남성호르몬인 테스토스테론이 분비되는데, 이것이 남자아이의 우뇌를 더욱 발달하게끔 만든다.

우뇌는 예술적인 상상력과 공간 지각력, 정보를 통합적으로 처리하는 기능을 담당한다. 남자가 여자에 비해 길 찾기나 운전을 잘하는 경향이 있는 것은 공간 지각력을 우뇌에서 담당하기 때문이다. 반면 좌뇌는 언어 유창성과 분석적이고 논리적인 사고 기능을 담당한다. 대개의 경우 여자가 표현력이 더 좋고 언어 구사력도 뛰어나다고 말하는데, 이는 언어능력이 주로 좌뇌에서 처리되는 능력이기 때문이다.

우뇌가 발달한 남자아이는 움직이고, 직접 경험하고, 만져보고, 들여다보는 것에 흥미를 느끼지만 가만히 앉아서 누군가의 말에 귀를 기울이는 것은 어려워한다. 이와 같은 남자아이의 뇌는 근본적으로 학교 교육에 불리하게 작용할 수 있다. 또한 눈과 손의 협응력이 필요한 온라인 게임에 쉽게 빠져들게 만든다. 이를 미연에 방지하기 위해서는 땀이 나도록 운동을 시켜주고 충분한 수면을 취할 수 있게 해서 아들의 공격성과 흥분을 가라앉혀주는 것이 좋다.

남자아이와 여자아이의 뇌 구조 차이에서 좌뇌와 우뇌의 차이만큼이나 큰 차이를 보이는 것이 뇌량이다. 뇌량은 좌뇌와 우뇌를 연결하는 도로와 같은 역할을 담당하는 뇌의 한 부분으로, 뇌량이 발달할수록 좌우뇌의 협응이 잘되고 정보 교환이 빠르게 이루어진다.

남자아이의 뇌량은 가늘고 길기 때문에 좌뇌와 우뇌 사이의 정보 교환이 원활하지 못하고, 정보가 오가는 양도 많지 않다. 그렇기 때문에 남자아이들은 여자아이들에 비해 감정 처리가 미숙하고 우뇌에서 느낀 감정을 좌뇌로 잘 전달하지 못한다. 아들의 감정 표현이 서툴고 미숙할 수밖에 없는 이유이다. 이에 반해 여자아이의 뇌량은 굵고 짧기 때문에 좌뇌와 우뇌 간의 정보 교환이 원활하고 정보가 오가는 양도 많다. 그래서 여자아이들은 남자아이들에 비해 감정 처리가 빠르고 자기감정을 말로 잘 표현한다.

여기에서 간과하지 말아야 할 사실이 하나 있다. 아들은 딸에 비해 감정 처리나 감정 표현이 미숙하여 무뚝뚝하게 보이거나 무심하게 보일 수 있다. 하지만 그렇다고 해서 남자아이들이 여자아이들에 비해 감정을 덜 느끼는 것은 아니라는 사실을 기억해야 한다. 남자아이들도 여자아이들과 똑같이 감정을 느끼지만 그것을 말로 잘 표현하지 못할 뿐이다. 그렇기 때문에 아들과 대화를 나눌 때에는 좀 더 오래 인내하며 들어줘야 하고, 아들이 자신의 감정과 생각을 제대로 표현할 수 있을 때까지 기다려줘야 한다.

단거리 선수인 아들
vs 장거리 선수인 딸

남자아이들과 여자아이들을 육상 선수에 비유한다면 남자아이들은 단거리 선수이고, 여자아이들은 장거리 선수이다. 즉, 남자아이들은 순간적으로 뿜어내는 폭발력은 강하나 지구력이 떨어진다. 반면 여자 아이들은 순간적인 폭발력은 약하나 지구력이 강하다.

이런 특성 때문에 남자아이들은 대체로 벼락치기 공부에 능하고, 여자아이들은 꾸준하고 계획적인 공부에 능하다. 이렇다 보니 남자아이들은 계획표를 세워 공부하는 방식이 썩 맞지 않는다. 공부 계획표를 세워 성실하게 공부하는 방식은 여자아이들에게 보다 적합하다.

〈동물의 왕국〉을 보면 치타는 먹이를 쫓을 때, 순간 시속이 100km 이상 된다. 그렇게 빨리 달리는데도 불구하고 먹잇감을 놓칠 때가 있다. 왜냐하면 오래 달릴 수 없기 때문이다. 너무 빠르게 달리다 보니 쉽게 과부하가 걸리는 것이다. 남자아이들은 치타에 비유할 수 있다. 남자아이들은 머리 회전이 빠르고 에너지가 넘치기 때문에 짧고 굵게 공부를 시켜야 한다. 오래 붙잡아두고 공부를 시키려고 하면 절대 안 된다. 짧게 공부시키고 자꾸 땀 흘려 놀게 해야 한다. 체육 시간에 땀을 흠뻑 흘리고 나면 남자아이들은 이내 차분하고 집중력 있게 수업에 몰두하곤 한다. 운동을 통해 스트레스를 해소했기 때문이다.

그런데 현실적으로 남자아이들은 자신에게 맞지 않는 공부 방식을 강요받곤 한다. 왜냐하면 남자아이들의 공부를 봐주고 컨트롤하는 사람이 주로 엄마이기 때문이다. 엄마 역시 여자이기 때문에 자신에게 걸맞았던 공부 방식으로 아들을 다그치게 된다. 그래서 남자아이가 책상에 오래 앉아 있지 못하는 것을 이해하지 못한다. 엄마들이 쉽게 범하는 오류이다. 엄마들은 아들이 기본적으로 자녀이기 이전에, 생물학적으로 남자라는 사실을 항상 유념하고 있어야 양육 갈등을 줄일 수 있다.

여자아이들은 남자아이들에 비해 훨씬 정적이며 집중을 지속하는 시간이 길다. 또한 에너지를 서서히 발산하기 때문에 남자아이들에 비해 훨씬 더 오래 앉아서 공부할 수 있다. 그렇다고 너무 장시간 앉아 있으면 잡생각이 많아지고 스트레스가 쌓이기 때문에 일정 간격으로 자리에서 일어나 몸을 움직일 수 있게 하는 것이 좋다. 물론 남자아이들처럼 땀을 흘리는 격한 운동을 할 필요까지는 없다.

단거리 선수 같은 아들과 장거리 선수 같은 딸은 성적의 기복 양상도 크게 다르다. 남자아이들은 성적 기복이 굉장히 심한 편이지만 그에 비해 여자아이들은 성적 기복이 남자아이들보다 훨씬 덜하다. 남자아이들 중에는 반 등수가 보통 10등에서 무려 20등까지도 왔다 갔다 하면서 널뛰기를 하는 아이들이 많다. 남자아이들은 공부를 못하다가도 어느 순간 독하게 공부를 해서 막판 뒤집기를 하는 경우도 왕왕 있다. 여러 상황이 잘 맞아떨어지면 역전 홈런도 칠 수 있다. 하지만 대체로 여자아이들은 저학년 때 잘하던 아이가 고학년이 되어서도 계속 잘한다. 그래서 여자아이들은 저학년 때부터 성실하게 공부를 하는 훈련이 중요하고, 남자아이들은 스스로 하고자 하는 마음을 먹게끔 만들어주는 것이 중요하다.

이해 과목 좋아하는 아들
vs 암기 과목 좋아하는 딸

남자아이들은 머리 회전과 순간적인 판단력이 빠르기 때문에 수학, 과학 등 이해 과목에 강하다. 반면에 여자아이들은 특유의 성실성을 바탕으로 노력하기 때문에 암기 과목이나 언어 영역에 강하다. 이런 성향 때문에 남자아이들은 영어나 국어를 싫어하고 여자아이들은 수학을 싫어하는 성향이 강하다.

하지만 이를 아이의 성향이라는 생각에 그대로 방치해서는 곤란하다. 남자아이들은 영어에 흥미를 가질 수 있도록 꾸준히 영어에 노출시켜주고, 여자아이들은 수학을 포기하지 않고 지속적으로 해낼 수 있도록 격려해줘야 한다. 그래야만 경쟁력이 생긴다. 예컨대 여자아이가 영어, 국어는 잘하지만 수학을 못하면 보통 수준의 성적밖에 거두지 못한다. 왜냐하면 대부분의 여자아이들이 영어, 국어를 잘하기 때문이다. 하지만 다른 아이들과 달리 수학 공부도 꾸준히 하여 좋은 점수를 받는다면 전반적으로 평균 점수를 앞서게 된다.

놀기 좋아하는 아들
vs 수다 좋아하는 딸

공부를 하다 보면 스트레스가 쌓이기 마련이다. 이 스트레스를 적절히 풀어줘야 공부도 더 잘할 수 있다. 남자아이들과 여자아이들은 스트레스를 푸는 양상도 매우 다르다.

남자아이들의 경우, 스트레스를 주로 놀이로 푼다. 남자아이들은 수업 종료 종이 치기가 무섭게 자리를 박차고 운동장을 향해 돌진한다. 그러고는 친구들과 공놀이나 잡기 놀이 등을 하면서 정신없이 놀다가 수업 시작을 알리는 종이 치면 그때서야 땀을 닦으며 아쉬워하며 교실로 돌아오곤 한다. 이렇게 남자아이들은 친구들과 땀을 흠뻑 흘리며 놀아야 스트레스가 풀린다. 그래서 남자아이들의 교우 관계는 자연스레 놀이를 중심으로 형성되며, 같이 놀 상대를 찾다가 친구가 되는 경향이 크다.

이에 반해 여자아이들은 놀이보다는 수다로 스트레스를 푼다. 저학년 여자아이들은 남자아이들처럼 놀이를 선호하지만, 고학년으로 갈수록 여자아이들은 몸을 움직이는 놀이보다는 삼삼오오 모여서 수다 떨기를 좋아한다. 이때 여자아이들 수다의 주제는 주로 관계와 관련되어 있다. 좋아하는 연예인에 관한 이야기에서부터 시작해서 여자친구들, 남자아이들, 교사, 부모 이야기 등이 수다의 대부분을 차지한다. 그리고 이 수다는 아무나와 떠는 것이 아니라 모종의 그룹을 형성하여 그 안에서 이루어진다. 이 수다 그룹들 사이의 장벽은 매우 견고해서 이 그룹에 끼지 못한 아이들은 굉장한 소외감을 느끼기도 한다. 여자아이들의 수다 그룹이 안 좋은 방향으로 진화하면 폭력 그룹이 되기도 한다. 딸과 많은 대화를 나눔으로써 이런 일을 미연에 방지하는 것이 좋다.

방학의 법칙

초등학교 1년의
절반은 방학이다

누구에게나 어린 시절 방학에 대한 기억이 하나쯤 있을 것이다. '방학'이라고 하면 필자는 무엇보다 생활계획표 짜기가 제일 먼저 생각난다. 커다란 동그라미를 그리고 24칸으로 나눈 뒤에 몇 시에 일어날지, 언제 식사를 할지, 공부는 몇 시간 할지, 잠은 언제 잘지 하루 생활을 빼곡하게 계획했던 기억 말이다. 생활계획표를 짜고 나면 왠지 이번 방학은 보람찬 방학이 될 것만 같은 뿌듯함이 밀려왔다. 하지만 처음의 기대와는 달리, 작심삼일이 되는 경우가 허다했다. 방학한 지 일주일 정도가 지나면 생활계획표와 실제 생활이 전혀 다르게 진행되는 현실을 깨닫게 된다. 그러다 보면 어느덧 개학이 코앞이다. 개학이 성큼 다가오면 밀린 방학 숙제를 하느라 정신이 없다. 특히 밀린 일기 쓰기만큼 고역인 일도 없다. 허겁지겁 밀린 일기를 쓰다 보면 방학도 금방 끝이다. 기대와 희망 속에서 시작한 방학이었건만 그 끝엔 언제나 아쉬움만 가득했다.

초등학교 방학은
벼락같이 찾아오는 선물과 같다

초등학교 방학은 정말 중요하다.

일단 시간적으로 따졌을 때 방학 기간이 결코 짧지 않다. 1년에 여름방학, 겨울방학, 학년말 방학을 합치면 거의 석 달 가깝다. 1년에 석 달이면, 초등학교 6년간 방학 기간은 총 18개월이다. 1년 6개월이 방학인 셈이다. 여기에 아이가 초등학교 6년 동안 자유롭게 활용할 수 있는 시간, 이를테면 현장체험학습 허가 기간 등을 포함하면 방학의 비중은 훨씬 커진다.

초등학생들이 학기 중에 누릴 수 있는 자유 시간은 기껏해야 하루에 2~3시간 정도에 불과하다. 반면에 방학 중에 누릴 수 있는 자유 시간은 적어도 5시간 이상이다. 방학 기간 중에 주어지는 1일 자유 시간은 학기 중의 3일 치 자유 시간과 거의 비슷하다. 자유 시간의 양만 따진다면 학기 중의 자유 시간 총량과 방학 중의 자유 시간 총량이 거의 비슷하다. 그렇기 때문에 방학을 어떻게 지냈느냐에 따라 그

다음 학기의 성적이 달라질 수 있다.

1년 중 초등학생들이 커다란 변화를 보이는 시점이 몇 있다. 하나는 학년이 시작하는 3월이다. 새 학년에 올라갔다는 사실 때문에 심기일전하고 이전 학년과는 다른 모습으로 한 해를 시작하는 아이들을 종종 보곤 한다. 학년 초 외에 아이들의 부쩍 달라진 모습을 볼 수 있는 때가 바로 방학이다. 대다수의 아이들은 방학 직전이나 개학 날이나 비슷한 모습으로 나타나지만, 간혹 방학 전과는 사뭇 달라진 모습으로 개학을 맞이하는 아이들이 있다. 방학 동안 공부를 단단히 한 덕분에 잔뜩 기대감에 부푼 아이가 있는가 하면, 충분히 휴식으로 재충전해서 새 학기를 여유롭게 맞이하는 아이도 있다.

사람은 특별한 사건을 겪거나, 의미 있는 사람을 만나면 변화한다. 또한 특별한 시간을 겪고 나서 변화하기도 한다. 초등학교 방학은 이 모든 조건을 다 갖춘 선물 같은 기간이다. 6개월마다 벼락같이 찾아오는 이 선물 같은 시간을 잘 활용하는 아이가 초등학교 생활을 성공적으로 보낼 수 있다.

작심삼일이 될 계획이라도
세우는 것이 좋다

방학이 시작되기 전 대부분의 아이들이 하는 것이 있다. 바로 '방학 계획 세우기'이다. 하지만 많은 아이들은 계획대로 방학을 보내지 못하고 좌절감만 맛본 채 방학을 마치곤 한다. 이런 경험이 반복되다 보면 초등학교 고학년 정도가 되어서는 방학 계획 자체를 세우지 않으려고도 한다. 어차피 지키지도 못할 방학 계획을 세워놓고 좌절감을 맛보느니 '무계획의 계획'이 차라리 더 나을 수도 있겠다는 생각을 하기 때문이다.

하지만 지켜지지 못한다고 해도 계획은 그 자체로 가치가 있다. 계획을 세우는 동안 자신을 돌아보고 자신의 현실을 직시하게 된다. 자신이 생각하는 이상적인 상태를 계획에 반영할 뿐만 아니라 그 계획을 실천하기 위해 나름의 노력을 하기 때문이다. 단 하루라도 자신이 계획한 대로 살아보는 삶은 아무런 계획 없이 흘러간 삶보다 훨씬 가치 있다.

현실을 반영한 구체적 계획 세우기

방학 계획 세우기의 핵심은 아이가 자신의 현재 모습을 직시하고 현실의 문제점을 해결할 수 있는 계획을 세우는 것이다. 특히 학습이나 건강 등의 측면에서 부족한 점이 무엇인지 파악하고 이를 보충하는 기회로 방학을 활용하는 편이 좋다. 실천 계획은 가급적 구체적으로 세워야 한다. 예컨대 아이가 줄넘기 인증제 통과를 위해 줄넘기 연습을 매일 하기로 결심했다면, '줄넘기 연습하기'처럼 막연하게 계획을 세우기보다는 '줄넘기 하루에 200개씩 연습하기'처럼 구체적으로 계획을 세우게 하자. 또한 계획을 세울 때 실천해야 할 항목의 가짓수가 너무 많아지면 초장부터 기가 질려 실패할 확률이 높다. 꼭 실천하고자 하는 항목으로 10가지 이내에서 계획을 세우는 것이 좋다.

계획 세우기 예시

학년	부족한 점		실천 계획
학습	국어	어휘력	하루에 1시간씩 책 읽기
	수학	연산 능력	『기적의 계산법』 매일 두 장씩 풀기
	사회	역사 배경지식	『한 권으로 읽는 한국사』 읽기
	과학	과학 개념	『초등학생을 위한 개념 과학 150』 읽기
	영어	영어 단어	영어 단어 하루에 10개씩 외우기
건강 및 예체능	줄넘기		줄넘기 하루에 200개씩 연습하기
	과체중		식사 조절과 하루 30분 걷기로 체중 2kg 감량
	일찍 자기		저녁 10시에 잠자리 들기
	그림 그리기		미술 학원에서 그림 그리기
	피아노		하루 30분씩 피아노 연습하기

해야 할 것과 하고 싶은 것의 균형 맞추기

자신의 부족한 점을 분석해서 그것을 메꾸기 위한 계획을 세우는 것은 방학 중 '해야 할 일'에 속한다. 하지만 방학을 해야 할 일로만 채우다 보면 방학이 그야말로 지옥 훈련처럼 느껴질 우려가 있다. 방학을 기대되는 시간으로 만들려면 '하고 싶은 일'도 충분히 해야 한다. 아이에게 방학 중 하고 싶은 일을 10개 정도를 써보게 하고, 그중에서 부모가 수용 가능한 일들은 적극적으로 반영하되, 조정이 필요하다고 여겨지는 항목들은 아이와 조율하는 과정을 거쳐 방학 계획에 반영하면 된다.

하고 싶은 일 vs 해야 할 일

아이가 방학 때 하고 싶은 일	부모와 협의를 통해 결정된 일
• 하루에 게임 2시간씩 하기 • 가족들과 일주일 여행하기 • 텔레비전 마음껏 보기 • 가족과 같이 영화 보기 • 친구들 초대해서 파자마 파티 하기 • 친척 댁 방문하기	• 하루에 게임 1시간씩 하기 • 가족들과 3일간 동해안 여행하기 • 보고 싶은 프로그램 1시간 마음껏 보기 • 가족과 같이 영화 보기 • 친구들 초대해서 파자마 파티 하기 • 이모네 방문하기

학년별로 방학마다 주안점이 다르다

초등학생 아이들은 매해 신체적·정서적으로 빠르게 성장한다. 그렇기 때문에 학년별로 방학마다 주안점을 두고 준비해야 하는 내용도 다르다. 지난 학기를 돌아보고 새로운 학기나 학년을 준비한다는 측면에서는 동일하지만, 학년에 따라 세세한 내용은 다를 수 있다. 학년별 교과 특성이나 아이의 발달 측면을 고려해 다음과 같이 학년별로 방학을 준비하면 좋다.

1학년 – 생활 습관, 독서 습관 잡기

1학년 때에는 좋은 습관을 들이는 일이 가장 중요하다. 1학년 때 어떻게 습관을 들이느냐에 따라서 초등학교 생활 6년 전반이 결정되기 때문이다. 따라서 1학년 방학 때에는 좋은 습관 붙여주기에 중점을 두고 시간을 보내는 것이 좋다. 이때 꼭 붙여줘야 하는 습관이 독서 습관이다. 초등 1학년 때까지 읽기 독립이 안 되었다면 꼭 읽기 독립부터 시켜줘야 한다. 책상에 앉아 10분 정도 집중 독서가 가능한지 확인하고, 아이가 집중 독서를 어려워한다면 10분 집중 읽기 습관부터 잡아줘야 한다. 매일 10분씩 큰 소리로 읽기 연습을 시키는 것도 적극 권한다. 공부 습관뿐만 아니라 골고루 먹는 식습관, 인사하는 습관, 자기 자리 스스로 정리하는 습관 등 아이의 전반적인 생활 습관을 확인하고 좋은 습관을 몸에 익힐 수 있도록 하자.

2학년 – 수학 공부, 연산 훈련하기

2학년 방학 때에는 수학에 주안점을 두어야 한다. 초등 수학에서 가장 중요한 부분은 자연수의 사칙연산이다. 초등 교과 과정에 따르면 2학년 때 자연수의 덧셈과 뺄셈이 거의 완성된다. 그뿐만 아니라 구구단을 통해 자연수의 곱셈 개념까지도 접하게 된다. 따라서 2학년 때 수학을 제대로 잡아주지 못하면 나눗셈을 처음 접하는 3학년부터 아이가 수학 교과 과정을 따라가기 힘들어할 수 있다. 방학 중에 아이 수준에 맞는 수학 문제집을 꾸준히 푼다든지, 연산 훈련 등을 빼먹지 말고 시켜야 한다. 또한 수학 동화책을 통해 수학 개념 원리에 대한 깊은 이해를 시켜주면 더없이 좋다. 손 조작 능력 향상을 위해 종이접기나 조작 활동이 많이 가미된 활동을 충분히 시켜주면 좋다.

3학년 – 영어 공부, 배경지식 독서하기

3학년 때에는 이전 학년에서는 접하지 못했던 사회, 과학, 영어와 같은 새로운 과목을 접하게 된다. 이런 과목들은 무엇보다도 배경지식의 여부가 교과의 성패를 가른다. 따라서 방학 중에 이런 과목들의 배경지식을 올려줄 수 있는 독서에 집중해야 한다. 또한 교과와 관련된 현장 체험 장소를 방문하는 것도 매우 좋은 방법이다. 영어의 경우에는 방학 때 집중 듣기, 읽기 등에 충분한 시간을 할애해서 공부하기를 권한다.

4학년 – 수학 격차 좁히기, 자료 제작 능력 갖추기

4학년은 공부를 잘하는 아이와 그렇지 못한 아이 사이의 격차가 본격적으로 벌어지기 시작하는 때이다. 이때 뒤처지기 시작하면 이후

학년이 올라갈수록 격차가 점점 더 많이 벌어지게 된다. 특히 수학의 경우 4학년 때 자연수의 사칙연산이 완성되는데, 자연수의 사칙연산이 원활하게 되지 않으면 분수의 사칙연산을 배울 즈음에 아이는 수학을 포기하게 된다. 자연수의 사칙연산이 단단하게 다져지지도 않았는데 방학을 이용해 수학 선행을 하는 것은 밑 빠진 독에 물 붓기임을 기억하자. 4학년쯤 되면 아이는 점점 사회문제에도 관심을 갖기 시작한다. 따라서 방학 동안 신문 읽기 등에도 관심을 갖게 하고 매일 신문을 읽는 습관을 붙여주는 것도 좋다. 또한 고학년이 되면 조사 발표 수업을 많이 진행한다. 이때 필요한 것이 프레젠테이션 자료 제작 능력이다. 방학을 이용하여 이런 능력을 갖춰주는 것이 좋다.

5학년 – 자기 주도 학습 능력 갖추기, 역사 관련 독서하기

5학년에 접어들면 아이들 중에서는 수학 포기자들이 대거 속출한다. 분수의 사칙연산 때문이다. 따라서 방학 중에 철저하게 지난 학기의 수학 내용을 다져줘야 한다. 또한 5학년부터 사회 교과에 역사가 등장한다. 아이들이 역사를 매우 어려워하기 때문에 방학 때 미리 사회 교과서를 충분히 반복해서 읽을 수 있도록 해야 한다. 그리고 역사 관련 책들을 다양하게 읽어서 배경지식을 갖춰놓는 것이 중요하다. 무엇보다도 5학년부터는 자기 주도 학습 능력을 갖춰야 한다. 방학 중에 하루 단위로 계획을 세우고 그 계획에 맞춰 스스로 공부해나가는 능력을 꼭 키워줘야 한다. 마지막으로 5학년부터는 자신의 진로와 관련하여 진지하게 고민을 해볼 필요도 있다.

6학년 – 수준 높은 독서(고전)에 도전하기, 수학과 영어 실력 다지기

6학년은 중학교 진학을 앞두고 부모도 아이도 모두 마음이 분주해질 수밖에 없는 학년이다. 6학년쯤 되면 학과 공부에 쫓기다 보니 학기 중에는 물론이고 방학 중에도 책 읽기를 손에서 놓는 아이들이 많다. 하지만 책 읽기는 중·고등학교 때까지 이어가야 하는 핵심 습관이다. 특히 6학년에서는 한 단계 수준이 높은 고전 읽기에 도전하면 좋다. 사춘기에 접어드는 학년이므로 사춘기의 고민과 삶을 다룬 성장 소설도 방학을 이용해서 읽으면 좋다. 중학교에 진학하면 수학과 영어 과목의 비중이 급격히 늘어나므로 이에 대한 대비도 해야 한다. 수학의 경우, 중학교 수학과 연계성이 높은 내용인 방정식, 함수, 비와 비율 등의 개념을 확실하게 다지고 중학교 대비에 들어가는 것이 좋다.

ⅢP 방학만큼 중요한 학년말 알차게 보내기

방학만큼 중요한 기간이 바로 학년말이다. 학년말은 보통 겨울방학 직전인 12월경부터 개학 후 다시 학년말 방학을 하는 기간까지를 통틀어 일컫는다. 이 무렵 학교 분위기는 굉장히 혼란하다. 교과 진도가 어느 정도 다 끝난 상태인데다가 방학을 전후로 해서 아이들의 마음도 상당히 들떠 있기 때문이다. 그런 까닭에 이 시기에 학교에서는 안전사고가 많이 나기도 한다. 교사들은 교사들대로 정신이 없다. 특히 학년말에 교사들이 처리해야 할 행정업무의 양은 상당하다. 행정 처리를 빈틈없이 하기 위해서 아이들에게 자습이라도 시켜놓고 일을 해야 하는 것이 현실이다. 이렇다 보니 학년말의 학교 분위기는 어수선하기가 이를 데 없다.

하지만 학년말은 학년 초보다 훨씬 더 중요하다. 학년 초에는 대부분의 아이들이 나름의 각오를 다지고 임하기 때문에 긴장감도 있고, 다들 열심히 공부하는 분위기이다. 하지만 학년말은 전혀 다르다. 대부분의 아이들이 긴장감 없이 시간만 허송세월하기 일쑤이다.

이런 학년말 분위기에 편승해서 하루하루를 그냥 흘려보내면 금세 두세 달의 시간이 훌쩍 지나가버린다. 황금 같은 이 시간을 밀도 있게 보내야 다음 학년 준비를 수월하게 할 수 있다. 특히 이 기간에 자투리 시간마다 책을 읽으면 상당한 분량의 독서를 할 수 있다. 학년말이 되면 교과 진도가 다 끝난 교과 시간은 비교적 느슨하게 운영되기 때문에 자투리 시간이 다른 때보다 많이 생긴다. 이런 자투리 시간에 교과와 연계된 책을 읽으면 배경지식을 쌓을 수 있다. 새 학년 교과서를 들고 다니면서 읽는 것도 권할 만하다. 아이가 학교에서 읽은 책을 기록해오게 하고 가정에서 확인해주면 좋다.

아이의 실력이 부족한 과목을 학년말에 집중적으로 공부하는 것도 좋은 방법이다. 5학년 아이들을 지도할 때 학년말에 자유 시간이 주어지면 그때마다 6학년 수학 문제집을 열심히 풀던 남자아이가 있었다. 매일 틈틈이 수학 문제집을 두세 장씩 풀곤 했는데, 학년이 끝날 무렵에 살펴보니 한 권을 거의 다 풀었던 기억이 난다.

저축할 때를 생각해보자. 푼돈으로 할 수 있는 일은 많지 않지만, 푼돈을 모으면 목돈이 되고 목돈에는 커다란 힘이 있다. 시간도 마찬가지이다. 흩어진 시간은 힘이 없지만 그 시간을 모으면 오랜 시간에 걸쳐 할 수 있는 일은 능히 해낼 수 있다. 학년말의 흩어진 시간을 잘 모아서 활용한다면 아이의 학교생활에 큰 도움이 될 것이다.

사춘기의 법칙
고학년은 관계 빙하기를
준비해야 한다

우리는 사춘기를 흔히 '질풍노도疾風怒濤의 시기'라고 부른다. 질풍노도는 문자 그대로 '몹시 빠르게 부는 바람과 무섭게 소용돌이치는 큰 물결'을 말한다. 사춘기는 사납게 부는 바람과 소용돌이치는 물결처럼 종잡을 수 없는 시기이다.

요즘 아이들은 사춘기를 맞이하는 시기가 점점 빨라지고 있다. 예전에는 고등학생 때를 사춘기로 보았는데 어느 순간부터 중학생 때를 사춘기로 보기 시작했다. 특히 중학교 2학년을 사춘기의 절정으로 보고, 이 무렵 아이들이 이유 없이 반항하고 짜증을 내는 증상을 일러 '중2병'이라 부르곤 한다. 그렇게 한동안은 중학교 2학년이 사춘기 터줏대감처럼 여겨지는가 싶더니 이제는 초등학교 고학년 아이들에게 그 자리를 위협받고 있는 형국이다. 어찌 되었건 분명한 사실은 사춘기가 점점 빨라지고 있다는 점이다.

자녀가 사춘기를 앞두었다면 부모들은 마음의 대비를 잘해야 한다. 그렇지 않으면 큰 낭패를 보기 십상이다. 5학년 학부모 면담 때의 일이다. 한 남자아이의 엄마가 면담을 와서는 아이 때문에 속상하다며 면담 시작부터 펑펑 울었다. 그렇게 말을 잘 듣던 아이가 조금만 뭐라고 해도 신경질을 내며 자기 방문을 쾅 닫고 들어가서는 밖으로 나오지도 않는다며 어떻게 하면 좋겠느냐고 하소연한다. 이 엄마처럼 자녀의 사춘기를 제대로 준비하지 못하면 크게 당황하고 자녀와 큰 충돌을 빚게 된다.

인생의 기로, 사춘기가 시작되는 5학년

5학년 남자아이가 쓴 '시간'이라는 제목의 일기를 한 편 소개하고자 한다.

내가 오늘 정말 한심하다는 생각이 문득 들었다. 오늘 시간이 많았는데도 불구하고 그 시간을 잘 활용한 것 같지 않아서 그렇다.

'만약 내가 많은 시간을 헛되이 보내지 않았다면, 아마 저녁에는 좀 더 편

하게 하고 싶은 것을 조금이라도 할 수 있었을 텐데…….'

모든 사람에게는 똑같이 주어지는 것, 바로 24시간이라는 시간. 하지만 아마 난 그 시간을 잘 자는 것 빼고는 반도 못 사용했을 것이다. 사실 지난주에도 내가 이래서 다음엔 그러지 말아야지 했는데 그 약속을 지키지 않아 마음이 정말 그렇다. 아마 내가 다음번에도 그런다면 나 자신이 정말 부끄러울 것이며, 아마 나 자신을 믿지 못할 것이다. 그래도 그걸 만회할 수 있는 기회는 있다. 바로 내일 일요일이다. 내일이라도 잘 활용하고 뜻깊게 보내고 싶다.

'그래 아직 일요일이라는 시간이 충분히 있고, 앞으로 더 잘 활용하면 될 거야.'

내일이든 다음 주 주말이든 꼭 언제나 나에게 주어진 시간이 있다면 잘 활용하고 이용해야 한다는 것을 깨달은 주말이었다.

철학자의 사색처럼 깊이가 느껴지는 글이라는 생각이 들지 않는가? 저학년 일기에서는 이런 철학적인 글을 눈 씻고도 찾아볼 수 없다. 하지만 5학년이나 6학년 일기 검사를 하다 보면 이렇게 철학적인 주제를 담은 일기를 종종 접하게 된다. 이런 일기들에는 '나는 누구인가?', '삶이란 무엇인가?', '어떻게 사는 것이 올바른 것인가?'처럼 철학적인 고민들이 많이 담겨 있다. 이런 철학적인 주제가 담긴 일기를 쓰는 아이들은 대개 사춘기를 맞이한 아이들이라고 봐도 무방하다. 앞에서 본 일기에서도 알 수 있듯이 5학년 아이들 중에서 사춘기에 접어든 아이들을 어렵지 않게 볼 수 있다. 아주 빠른 아이들은 4학년부터 사춘기를 시작하기도 하지만 대체로 5학년 무렵에 사춘기가 많이 찾아온다. 남자아이들은 이 무렵 변성기가 찾아오기도 한다. 여자아이들은 남자아이들보다 성장이 빠르기 때문에 5학년이면 초경을 시작하고 본격적인 사춘기에 접어드는 아이들이 꽤 있는 편이다. 외모에서 풍기는 느낌도 4학년 정도까지는 영락없는 어린이이지만 5학년 정도부터는 청소년스러움이 한층 더 강하게 느껴지기 시작한다.

사춘기는 인생에서 참으로 중요한 전환점이다. 어렸을 때에는 부모님 말도 잘 듣고 모범적인 아이였는데, 사춘기 때 엇나가는 바람에 영영 돌이킬 수 없는 삶을 살아가게 된 아이들도 주변에서 심심치 않게 볼 수 있었다. 따라서 부모는 자녀의 사춘기를 잘 대비하고 자녀가 사춘기를 잘 넘길 수 있도록 곁에서 잘 도와줘야 한다.

다양한 사춘기 신호

사춘기에 접어든 초등학교 아이들의 특성은 여러 가지가 있지만, 대표적으로 다음과 같은 몇 가지 행동 특징을 보인다.

우선 이유 없는 반항이 늘어나기 시작한다. 부모의 말에 말꼬리를 물고 늘어지거나 무엇 하나 고분고분하는 것이 없다. 만약 아이가 부쩍 반항이 늘고 말대답이 늘었다면 사춘기가 왔음을 인정하고 어린

235

아이로 대할 것이 아니라 어른 대접을 해주려는 부모의 태도 변화가 절실하다. 공부도 일방적으로 시키기보다는 아이의 의사를 반영해서 공부 계획을 세울 수 있도록 하자. 이 시기에 부모 주도 학습에서 자기 주도 학습으로 전환하지 않으면 이후에 매일이 전쟁이다.

사춘기에 접어든 아이들은 자기 일에 간섭하는 것을 매우 싫어한다. 사춘기가 시작되면 아이들은 엄마가 자기 방에 출입하는 것을 극도로 싫어하게 된다. 아이 방에 들어가고자 한다면 노크를 해야 한다. 한마디로 비밀이 많아지는 것이다. 어떤 부모들은 이런 모습을 보면서 섭섭하게 느껴진다고 말하기도 하는데, 전혀 이상할 것이 없는 자연스러운 성장 과정이다. 아이가 자기 일에 간섭받기를 싫어한다면 스스로 홀로서기를 시작했다는 신호이다.

하지만 머리로는 그렇다는 사실을 알아도 심정은 답답할 때가 많다. 스스로 잘하는 것 같아 보이지도 않는데 간섭을 하지 말라고 하니 속이 탄다. 그래도 가급적 아이 본인의 일은 본인 스스로 계획하고 결정할 수 있도록 배려해야 한다. 단, 결과에 대한 책임은 분명히 물어서 아이가 권한을 가지면 책임도 져야 함을 배울 수 있도록 해야 한다.

사춘기 아이들은 관심 있는 분야에 빠져들기 시작한다. 몰두할 만한 무엇인가에 자기 자신을 내던지고 싶어 한다. 아이에 따라 정도의 차이만 있을 뿐, 자신의 넘쳐나는 열정을 어딘가에 쏟아붓고 싶어 한다. 이때 생각과 마음이 깊이 성숙한 아이라면 자기가 열정을 쏟고자 하는 대상이 가치 있는지를 따지겠지만, 대다수의 아이들이 여기까지는 미처 생각하지 못한다. 그래서 어떤 아이들은 게임, 연예인, 스포츠, 약물 등에 지나치게 몰입하곤 한다.

유유상종類類相從이라는 말이 있듯이 이즈음부터는 친구 관계도 관심 분야가 동일한 아이들끼리 형성된다. 이전까지 친구 관계가 엄마나 동네에 의해 결정되었던 것과는 판이하게 다른 양상이다. 이렇게 맺어진 교우 관계는 결속력이 굉장히 단단하며 상호 강한 영향력을 미친다. 따라서 이 무렵부터는 부모나 교사의 평가보다는 친구들 사이의 평판이 더욱 중요하고 또래 집단의 행동 양식에 동조하고 휩쓸리는 경향성이 매우 높아진다. 친구의 영향력이 막강해지는 것이다.

자녀가 사춘기에 접어들면 자녀의 관심이 건전한 방면으로 흘러갈 수 있도록 관심을 가져야 한다. 아이가 자신의 넘치는 에너지를 쏟아부을 만한 가치가 있는 것에 집중할 수 있도록 현명하게 안내해야 한다.

사춘기에 접어들면 아이들은 이성에 대한 관심이 부쩍 높아진다. 시대가 바뀌긴 했지만 여전히 저학년 아이들은 이성 친구와 사귀는 것을 굉장한 부끄럽게 여긴다. 하지만 고학년 아이들은 이성 친구와 사귀는 것을 대단한 자랑거리로 여긴다. 요즘 고학년 아이들은 사회적인 영향으로 인해 성적 관심과 표현을 더 이상 주저하지 않는다. 단순히 성적 호기심을 갖는 단계에서 그치지 않고 직접적으로 표현하고 경험하고 싶어 하는 아이들이 점점 많아지고 있다. 이는 어른들 입장에서 상당히 불편한 진실이기도 하다. 그로 인해 포르노와 같은 음란물을 접하는 아이들이 점점 늘어나고 있다. 이 시기 아이들 사이에서 오가는 음란한 대화의 수준은 어른들의 상상을 초월한다.

사춘기에 접어들어 이성에 대한 관심에 폭증하는 것은 너무 자연스러운 성장 과정이다. 하지만 이성에 대한 관심이 자칫 이상한 방향으로 흘러가는 것은 부모가 관심을 가지고 막아줘야 한다. 부모가 자녀에게 성의 소중함과 아름다움에 대해 이야기해주고 소중한 것을 지키는 일이 얼마나 중요한지를 두고 충분한 대화를 나눠야 한다.

고민이 깊어가는
사춘기 아이들

사춘기가 시작되면 확연히 눈에 띄는 특징 중에 하나가 고민이 많아지고 깊어진다는 것이다. 초등학교 저학년 때에는 사람인지 침팬지인지 구분이 안 될 정도로 깔깔거리며 이리 뛰고 저리 뛴다. 하지만 고학년이 되면 세상의 모든 문제를 자신이 짊어지고 사는 듯한 표정 혹은 특유의 냉소적인 표정을 짓는 아이들이 늘어난다. 고민은 사람의 뼈도 마르게 한다는데 이 시기 아이들은 무슨 고민을 하는 것일까?

사춘기 아이들이 가장 많이 하는 고민은 교우 관계이다. 교우 관계가 원만한 아이들과 그렇지 못한 아이들은 표정부터 다르다. 교우 관계가 원만하고 좋은 아이들은 항상 얼굴이 밝고 기쁨과 생기가 넘친다. 하지만 교우 관계가 원만하지 못한 아이들의 얼굴은 늘 그늘이 드리워져 있고 슬퍼 보이고 풀이 죽어 있다. 아이의 성적에는 관심이 많지만 교우 관계는 대수롭지 않게 생각하는 부모들이 적지 않다. 하지만 이는 잘못된 생각이다. 어찌 보면 좋은 성적의 유효기간은 학창시절까지이지만, 좋은 교우 관계를 맺는 능력은 그 유효기간이 평생이기 때문이다.

저학년 때의 교우 관계라고 하면 대개 동성 친구와의 관계를 일컫지만, 사춘기에 접어들면 동성 친구만큼 이성 친구와의 관계도 매우 중요해진다. 이성 친구와 적절한 관계를 유지하는 법을 제대로 배우지 못하면 자칫 잘못된 길로 빠질 수도 있을 뿐만 아니라, 공부에 큰 장애물이 되기도 한다. 이 시기 부모는 자녀와 건전한 이성 관계에 대해 이야기를 나눠야 하고, 무엇보다 자녀 앞에서 화목하고 다정한 부부의 모습을 보여줘야 한다. 그래야 자녀에게 건전한 이성관을 심어줄 수 있다.

성적도 사춘기 아이들의 빼놓을 수 없는 고민거리이다. 성적이 자신의 진로와 직결된다는 것을 점점 피부로 느끼기 시작하면서 이 시기 아이들은 성적 고민을 심각하게 한다. 아이들이 받는 성적 스트레스는 어른들이 생각하는 것 이상이다. 시험 스트레스가 잘 드러나는 5학년 여자아이의 글을 소개한다.

- 제목: 꿈에서 본 중간고사

조금 있으면 중간고사를 본다. 과학, 사회 그리고 국어 등 할 것이 태산이다. 나는 열심히 하는데도 할 것들이 줄어들지 않는다.

선생님이 그러셨다.

"공부를 열심히 하는 사람은 중간고사가 기대되고, 공부를 열심히 안 하는 사람은 중간고사가 두렵단다."

나는 중간고사가 두렵다. '공부를 열심히 하지 않는다는 것일까? 아닌데……'

난 열심히는 한다. 다만 아파서 학교 수업을 며칠 빠진 것뿐이다. 중간고사 걱정을 했었던 날에 꿈에서 중간고사를 봤는데 과학 86점, 사회 67점을 받았다!!! 너무 충격적이었는지 벌떡 일어나고야 말았다. 더 잤더라면 아마 우리 엄마에게 회초리로 맞는 장면까지 갔을 것이다. 그나마 다행이다. 으~

어쨌든 이제부터는 더욱더 열심히 공부해야겠다. 아자 아자 홧팅.

이런 류의 글은 시험 기간이 다가오면 여러 아이들의 일기장을 장식한다. 부모가 말하지 않고 압박하지 않아도 고학년이 되면 아이들은 스스로 충분히 시험에 대한 압박을 받는다. 또한 시험 결과인 성적에 대한 스트레스도 그 누구보다 가장 많이 받는다. 따라서 부모는 자녀를 성적으로 압박하거나 협박하지 말고 아이가 믿고 의지할 수 있는 격려자가 되어줘야 한다.

사춘기 때 놓쳐서는 절대 안 되는 것, 대화와 관계

사춘기가 되면 정도의 차이는 있지만 대다수의 아이들이 부모와 대화하기를 꺼린다. 아이들은 부모가 자신들을 여전히 애 취급하면서 잔소리만 하려고 든다고 생각한다. 자신에게는 관심이 없고 오직 성적에만 관심을 보이며 맨날 '공부하라'는 잔소리밖에 안 한다고 불만이다. 무엇보다 자신들을 존중해주지 않는 것이 마뜩치 않다.

부모도 아이와의 대화가 싫어지기는 마찬가지이다. 부모에 대한 예의범절은 어디에다 팔아먹었는지 도통 찾을 수가 없고, 묻는 말에도 단답형으로 겨우 대답할 뿐이다. 눈치를 살피면서 말이라도 걸으면 귀찮다는 듯이 짜증 내며 자기 방으로 들어간다. 그러고서는 친구와는 1시간이고 2시간이고 깔깔거리며 통화를 한다. 얼토당토않은 논리를 내세우며 핏대 세우는 아이를 보노라면 그냥 성장호르몬이 아이의 뇌를 혼란에 빠뜨렸다고 생각하는 편이 정신건강에 좋겠다고 여겨질 정도이다.

이런저런 이유로 사춘기가 되면 부모와 자식 사이에는 빙하기가 시작된다. 그런데 어떤 가정은 관계가 잠시 얼었다가 눈 녹듯이 녹는 해빙기가 찾아오지만, 어떤 가정은 관계의 빙하기가 평생 회복되지 않는 경우도 있다. 자녀에게 사춘기가 찾아오면 가장 신경을 기울여야 하는 것이 자녀와의 '관계'이다.

특히 사춘기 이전에 자녀와 좋은 관계를 맺지 못할 경우, 아이는 크게 엇나갈 수 있다. 부모와 좋지 않은 관계를 맺은 아이들은 어려서는 그것을 잘 표출하지 못하지만 사춘기가 시작되면서 서서히 내재되어 있던 분노를 폭발시키기 시작한다. 분노의 정도에 따라 가출까지 불사하는 경우도 있다. 다음은 한 5학년 남자아이가 아버지에 대한 분노를 글로 표현한 것인데 이 정도면 매우 심각한 단계에 이른 것이다.

- **제목 : 아저씨라 부르고 싶은 아빠**

오늘 엄마랑 아빠랑 부부 싸움을 하셨다. 역시 엄마가 졌다. 하지만 아빠의 잘못이 더 컸다. 엄마가 시비를 건 것은 잘못이지만 그것뿐이다. 아빠는 나보다 늦게 일어나고 쉬기도 많이 쉬고 술 먹고 늦게 들어오신다. 그에 반해 엄마는 새벽 6시에 일어나서 동생과 나를 깨우고 일을 마치신 뒤 저녁 7시나 9시에 들어오신다. 엄마는 몇 번이나 잔소리를 했지만, 아빠는 빨리 일어나신 적도 없고 술 먹지 않고 일찍 들어오신 적도 없다. 이런 아빠에게 오늘 엄마가 지금까지의 분노가 울컥하는 건 당연하다. 나는 이런 아빠를 이제 아빠라 부르기 싫고 아저씨라 부르고 싶다. 아빠라고 불러야 되는 그 자체가 징그럽다.

부모와 자식 사이의 원만하지 못한 관계는 대부분 좋지 못한 부부 관계에서 비롯된다. 앞서 소개한 글에서도 결국 부부 사이가 좋지 않음으로 인해서 아이가 상처를 받게 되었고, 그 상처가 아빠에 대한 분노로 표출되어서 아빠를 아빠라고 부르는 것조차 징그럽고 싫은 일이라고 표현하는 지경에 이른 것이다. 원만하지 못한 부부 관계는 사춘기에 접어든 자녀가 부모에 대한 분노를 폭발시키는 단초가 된다.

사춘기 자녀와의 얼어붙은 관계를 녹일 수 있는 방법은 오직 대화뿐이다. 이 시기를 건너는 일이 쉽지 않겠지만 아이와 대화의 끈을 놓지 말아야 한다. 조금이라도 틈을 만들어서 자녀와 대화를 이어가라. 말이 통하지 않는다고 대화를 단절해버리면 다시는 자녀와의 관계를 회복하기 어려울 수도 있다. 무엇보다 자녀 앞에서 화목한 부모의 모습을 보여주기 위해 노력해야 한다.

좋은 부모가 된다는 것은

아이들은 하늘을 나는 연과 같다. 바람이 없으면 날기를 멈추는 존재들이다. 부모는 아이들에게 바람과 같은 존재이다. 아이들이 날 수 있도록 쉼 없이 불어주는 바람과 같은 부모가 되기를 바란다. 생텍쥐페리의 『어린 왕자』에는 이런 구절이 나온다.

나는 그때 아무것도 이해하지 못했어. 꽃의 말이 아닌 행동을 보고 판단했어야 했어. 내게 향기를 전해주고 즐거움을 주었는데, 그 꽃을 떠나지 말았어야 했어. 그 허영심 뒤에 가려진 따뜻한 마음을 보았어야 했는데, 그때 난 꽃을 제대로 사랑하기에는 아직 어렸던 거야.

고개가 절로 끄덕여지면서 가슴 한쪽이 아려오는 대목이다. 혹시 이 대목이 이렇게 읽히지 않길 바란다.

나는 그때 아무것도 이해하지 못했어. 자녀의 말이 아닌 마음을 보고 판단했어야 했어. 내게 향기를 전해주고 즐거움을 주었는데, 자녀를 떠나지 말았어야 했어. 그 허영심 뒤에 가려진 따뜻한 마음을 보았어야 했는데, 그때 난 자녀를 제대로 사랑하기에는 아직 어렸던 거야.

'그때는 자녀를 사랑하기에 아직 어렸다'라는 말로 지난 세월을 변명하는 일이 통할 수 있다면 얼마나 좋을까? 하지만 그 말은 돌이킬 수 없는 회한의 말일 뿐이다. 이런 회한에 빠지지 않기 위해서 부모는 매 순간 자녀가 자신에게 어떤 존재인지를 되새길 필요가 있다. 자녀는 '부모에게 향기를 전해주고 즐거움을 주는 존재'라는 사실을 말이다. 세상의 모든 부모들이 좋은 부모가 되는 데에 이 책이 조금이나마 보탬이 되기를 바라면서 이 글을 마치고자 한다.

마지막으로 이 책을 집필하는 동안 이루 말할 수 없는 지혜와 은혜를 베풀어주신 아름다운 하느님께 모든 영광을 돌린다.

참고 문헌

게리 채프먼, 『5가지 사랑의 언어』, 생명의말씀사

고영성, 『부모 공부』, 스마트북스

공자, 『논어』, 홍익출판사

김요셉, 『삶으로 가르치는 것만 남는다』, 두란노

김지나, 『초등 5학년 공부사춘기』, 북하우스

김찬호, 『유머니즘』, 문학과지성사

도모다 아케미, 『아이의 뇌에 상처 입히는 부모들』, 북라이프

로버트 P. 왁슬러, 『위험한 책읽기』, 문학사상

마셜 B. 로젠버그, 『비폭력 대화』, 한국NVC센터

맹자, 『맹자』, 홍익출판사

박해조, 『이미 그대는 행복합니다』, 판타레이

사마천, 『사기열전』, 민음사

생텍쥐페리, 『어린 왕자』, 인디고

서천석, 『아이와 함께 자라는 부모』, 창비

송재환, 『부모는 무엇을 가르쳐야 하는가』, 글담

송재환, 『초등 1학년 준비 혁명』, 예담friend

송재환, 『초등 2학년, 평생 공부 습관을 완성하라』, 예담friend

송재환, 『초등 공부 불변의 법칙』, 도토리창고

신의진, 『신의진의 초등학생 심리백과』, 갤리온

오가와 다이스케, 『거실 공부의 마법』, 키스톤

오은영, 『못 참는 아이 욱하는 부모』, 코리아닷컴

오은영, 『아이의 스트레스』, 웅진리빙하우스

윤선현, 『아이의 공부 습관을 키워주는 정리의 힘』, 예담friend

이기주, 『언어의 온도』, 말글터

이범용, 『우리 아이 작은 습관』, 스마트북스

이서윤, 『초등 방학 공부법』, 글담

이안 그랜트·메리 그랜트, 『딸 키울 때 꼭 알아야 할 12가지』, 지식너머

인젠리, 『좋은 엄마가 좋은 선생님을 이긴다: 공부 편』, 다산에듀

인젠리, 『좋은 엄마가 좋은 선생님을 이긴다: 인성 편』, 다산에듀

장애영, 『엄마의 기준이 아이의 수준을 만든다』, 두란노

장유경, 『아이의 가능성』, 예담friend

전위성, 『초등 6년이 자녀교육의 전부다』, 오리진하우스

존 그레이, 『화성에서 온 남자, 금성에서 온 여자』, 동녘라이프

주희, 『대학·중용』, 홍익출판사

주희·유청지, 『소학』, 홍익출판사

찰스 두히그, 『습관의 힘』, 갤리온

창랑·위안샤오메이, 『엄마는 아들을 너무 모른다』, 위즈덤하우스

추적, 『명심보감』, 홍익출판사

KI신서 8985

한 권으로 끝내는 초등 생활 대백과

1판 1쇄 인쇄 2020년 2월 21일
1판 1쇄 발행 2020년 3월 9일

지은이 송재환
펴낸이 김영곤
펴낸곳 (주)북이십일 21세기북스

정보개발본부장 최연순 **정보개발3팀장** 최유진
책임편집 최유진 **디자인** 강수진
마케팅팀 박화인 한경화
영업본부 이사 안형태 **영업본부 본부장** 한충희 **출판영업팀** 오서영 윤승환
제작팀 이영민 권경민

출판등록 2000년 5월 6일 제406-2003-061호
주소 (10881) 경기도 파주시 회동길 201(문발동)
대표전화 031-955-2100 **팩스** 031-955-2151 **이메일** book21@book21.co.kr

(주)북이십일 경계를 허무는 콘텐츠 리더

21세기북스 채널에서 도서 정보와 다양한 영상자료, 이벤트를 만나세요!
페이스북 facebook.com/jiinpill21 **포스트** post.naver.com/21c_editors
인스타그램 instagram.com/jiinpill21 **홈페이지** www.book21.com
유튜브 youtube.com/book21pub
서울대 가지 않아도 들을 수 있는 명강의! 〈서가명강〉
유튜브, 네이버, 팟빵, 팟캐스트에서 '서가명강'을 검색해보세요!

© 송재환, 2020
ISBN 978-89-509-8667-4 13590